【新訂版】

New Revised Edition

The Visual Encyclopedia of "It can't be true!"

信じられない現実の大図鑑

東京書籍

Senior editor Rob Houston
Editors Helen Abramson, Wendy Horobin, Steve Setford, Rona Skene
Designers David Ball, Peter Laws, Clare Marshall, Anis Sayyed, Jemma Westing
Illustrators Adam Benton, Stuart Jackson-Carter, Anders Kjellberg, Simon Mumford
Creative retouching Steve Willis

Picture research Aditya Katyal, Martin Copeland

Jacket design Osamu Hasegawa

Producer (pre-production) Rebekah Parsons-King
Production controller Mandy Inness

Managing art editor Philip Letsu
Managing editor Gareth Jones
Publisher Andrew Macintyre
Art director Phil Ormerod
Associate publishing director Liz Wheeler
Publishing director Jonathan Metcalf

Japanese edition Managing Editor Takashi Kojima

Original Title: It Can't Be True

Published in Japan by Tokyo Shoseki Co., Ltd.

Printed and bound in UAE

For the curious
www.dk.com

【新訂版】信じられない現実の大図鑑

2019年4月25日　第1刷発行
2021年4月26日　第3刷発行

編者　DK社
監訳　増田まもる
訳　こどもくらぶ
編集担当　小島卓
発行者　千石雅仁
発行所　東京書籍株式会社
〒114-8524　東京都北区堀船2-17-1
TEL 03-5390-7531(営業)　03-5390-7526(編集)
https://www.tokyo-shoseki.co.jp

ISBN978-4-487-81207-3　C0640

もくじ

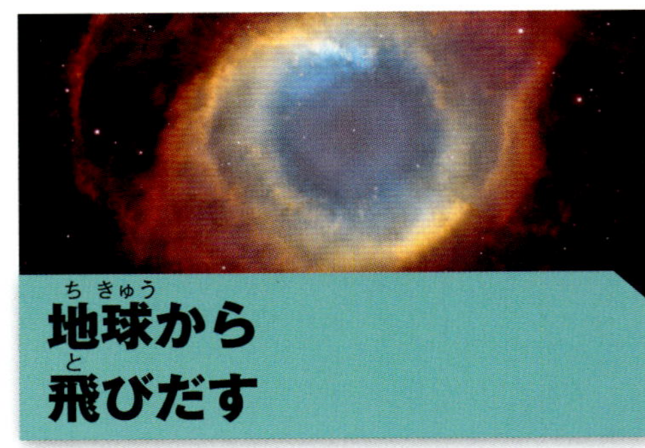

地球から飛びだす

驚くべき地球

人類とあらゆる生物

ここまできている先端技術

地球から飛びだす

わたしたちの住む安全な地球から宇宙へ飛びだすと、そこは人類がまったく住めないところとなる。広さは想像もできない。空気も温度もない(⇒p30)。だが、そこは赤々と燃える*恒星や神秘的な月、超高速で進む小惑星、不気味な暗黒星雲など、驚きに満ちあふれている。

*燃焼には酸素が必要であるため、「燃える」は地球上での燃焼ではない。核融合によるものと考えられている。

らせん星雲は死にかけた星から発した巨大なガスとちりでできていて、時速11万5,000km近くの速度で膨張している。その速度は、ロケットエンジンで飛ぶ史上最速の航空機ノースアメリカンX-15の約10倍である。

太陽の大きさは？

太陽の直径は、平均139万1,016km。体積は、地球の約130万倍で、質量は、約33万3,000倍である。

太陽の直径は地球を109個ならべたのと同じぐらいの長さだ。

太陽の黒点

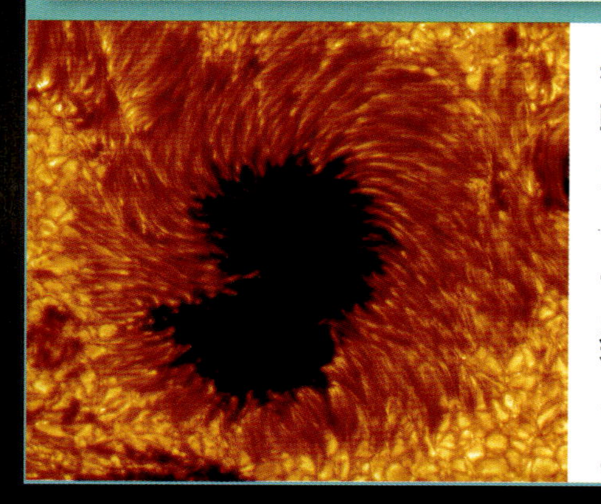

黒点は、太陽の表面に見える比較的低温の部分。強力な磁場のためにガスが内側に入りこめなくなっている。約11年の周期で盛衰をくりかえす。活動が活発なときは、無線通信を乱すなど、地球にさまざまな影響をおよぼす。

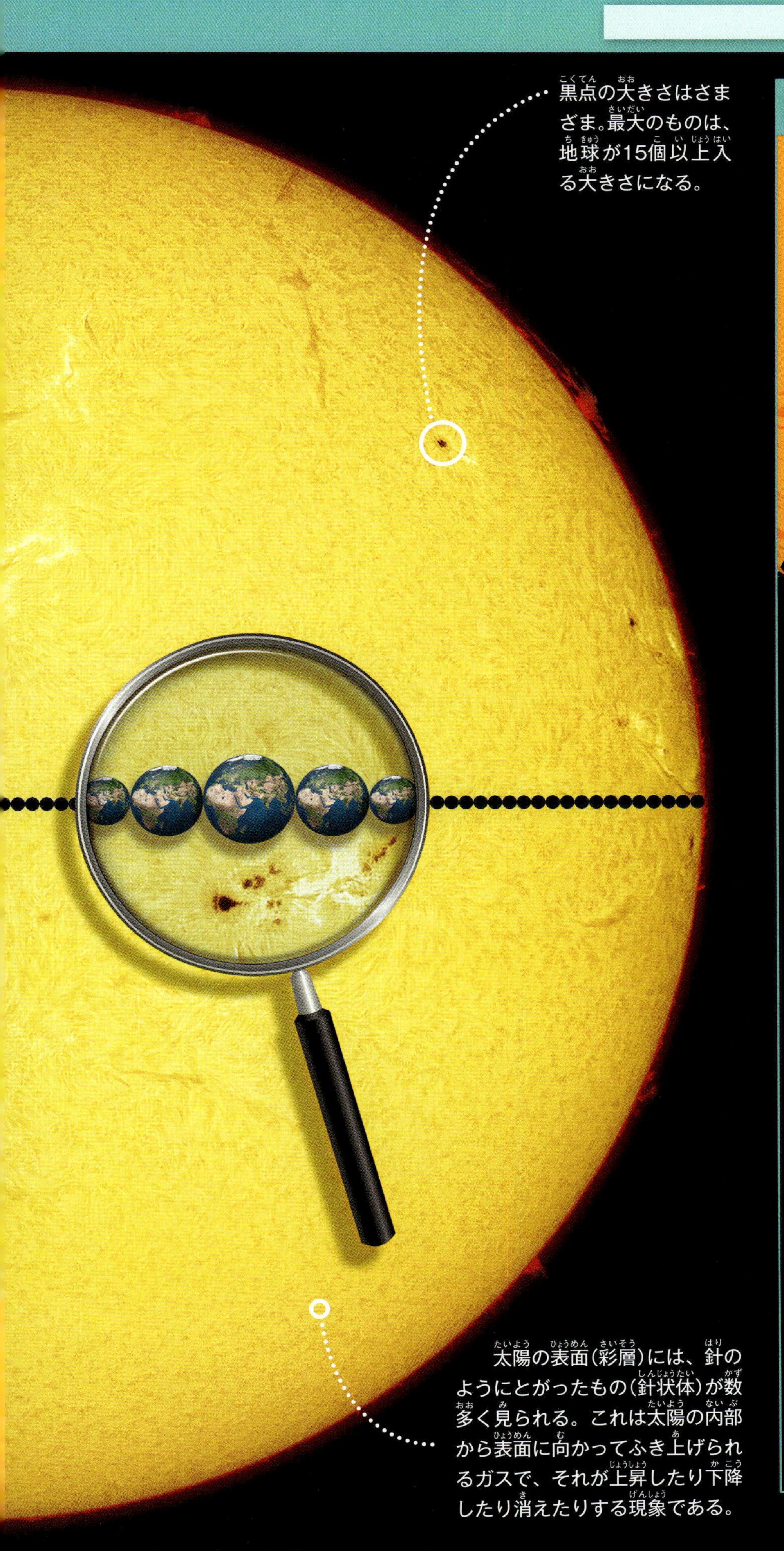

黒点の大きさはさまざま。最大のものは、地球が15個以上入る大きさになる。

太陽の表面(彩層)には、針のようにとがったもの(針状体)が数多く見られる。これは太陽の内部から表面に向かってふき上げられるガスで、それが上昇したり下降したり消えたりする現象である。

はやわかりリファレンス

太陽フレアは、上空10万kmに達する爆発現象。地球8個分の大きさのものもある。

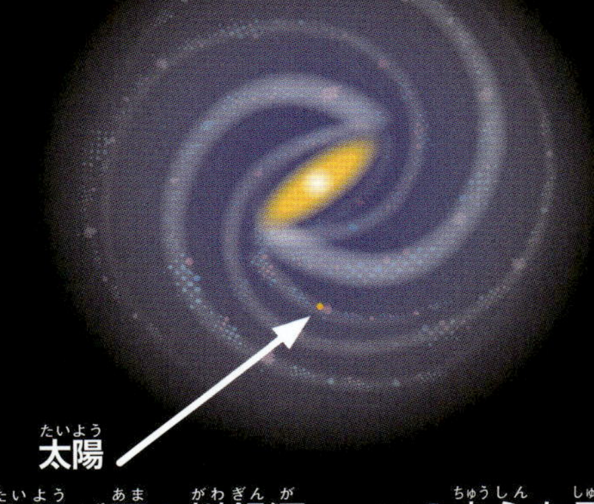

太陽が天の川銀河(⇒p32)の中心を周回するのに、約2億2,500万年かかる。太陽は46億年前にできてから20回周回していると考えられている。

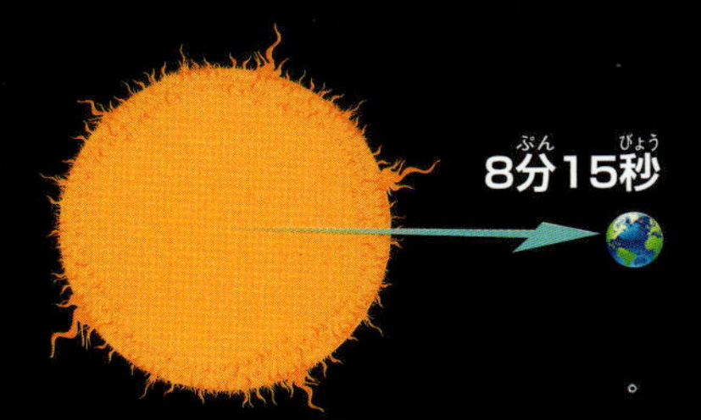

太陽の光が地球に届くのに、8分15秒かかる。木星までには43分、海王星までにはおよそ4時間15分ほどかかる。

月の大きさは?

月の直径は、**地球の**およそ**4分の1**で**3,475km**。**表面積**では、およそ**13分の1**になる。

コペルニクス・クレーターは、長径93kmで、月で最も大きいクレーターの1つ。

ふしぎな偶然

太陽の直径は、月のおよそ400倍。ふしぎなことに太陽と地球の距離は、月と地球の距離の400倍。そのため太陽と月は同じぐらいの大きさに見える。日食もそのせいでおこる。

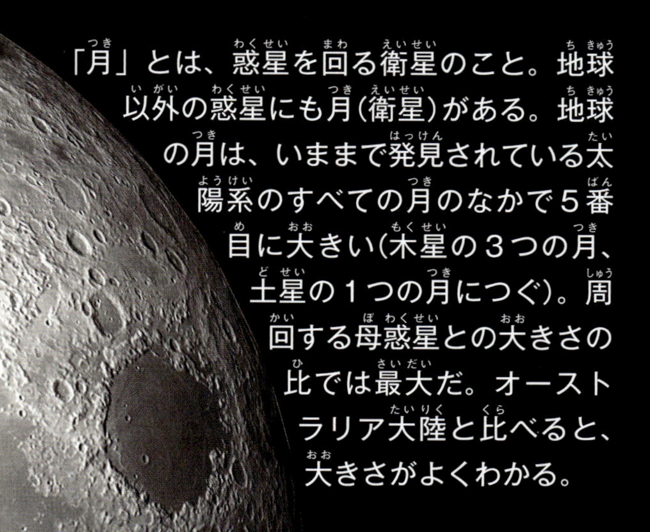

「月」とは、惑星を回る衛星のこと。地球以外の惑星にも月（衛星）がある。地球の月は、いままで発見されている太陽系のすべての月のなかで５番目に大きい（木星の３つの月、土星の１つの月につぐ）。周回する母惑星との大きさの比では最大だ。オーストラリア大陸と比べると、大きさがよくわかる。

「静かの海」とよばれる平らになった部分は、約40億年前にできたと考えられている。面積は、日本の面積より10％くらい大きい。

月の直径はオーストラリアの最も広い東西の幅、3,983kmより少し小さいぐらい。

はやわかりリファレンス

地球の直径

赤道で１万2,756km。月を４つならべることができる。

地球の体積

月を地球の内部にすきまなくつめるとすれば、50個の月が入ることになる。

地球の質量

月の80個分にあたる。地球が重いのは、中心に月２個分以上の幅の、おもに重い鉄とニッケルからできている核があるからだ。

惑星の大きさは?

太陽系惑星は、岩石でできた小型の惑星から、ガスがボール状になった巨大惑星まで、大きさはまちまちだ。

木星
太陽系惑星のなかで最大で、直径は13万9,833km。うずを巻くガスでできている。

地球
直径は平均1万2,742km。岩石でできた惑星としては最大である。表面に水がある特別な天体でもある。

金星は有毒な惑星

金星は、地球とほぼ同じ大きさで、質量も同じぐらいだが、天体の様子はまったくちがう。金星は、厚い有毒な大気につつまれていて、表面の温度は464℃、鉛がとける温度だ。

はやわかりリファレンス

金星と天王星の自転

金星は地球と逆向き（北極点の真上方向から見て時計回り）に自転し、天王星はほとんど横倒しの状態で太陽を回っている。

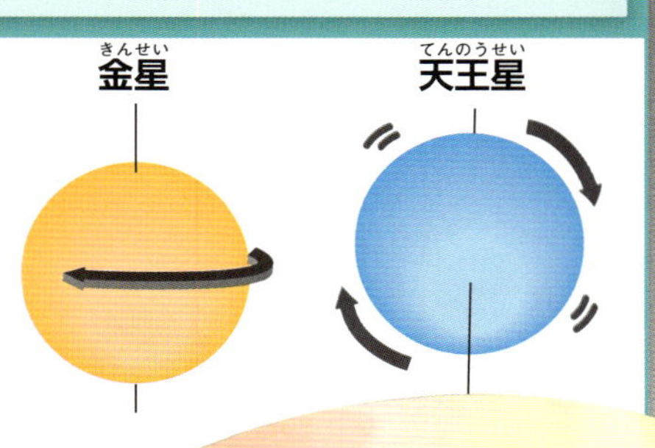

土星

２番目に大きな惑星で、直径は11万6,464km。おもに水素とヘリウムのガスでできている。

土星の輪は、ちりや氷からできている。幅は28万kmあるが、厚さはわずか１kmしかない。

天王星

直径は５万724km。肉眼で見ることができる最も遠い惑星だ。ほとんどガスでできているが、中心部に氷がある可能性があるといわれている。

海王星

非常に低温のガスでできている。太陽から最も遠い惑星であり、直径は４万9,244km。

金星

岩石でできた惑星で、直径は１万2,104kmと、地球と同じぐらいの大きさだ。

火星

直径は6,799km。さびた鉄をふくんだ岩石の色のおかげで、「赤い惑星」として知られている。

水星

最小の惑星で、直径は4,879kmしかない。太陽に最も接近していて、岩石でできている。

水星の赤道の長さは木星のおよそ29分の1。

惑星の月(衛星)の大きさは?

太陽系内で最大の２つの月(衛星)はどちらも直径が**5,000km**以上ある。

地球以外の太陽系惑星のなかで唯一、タイタンには湖がある。そこは、メタンガスやエタンガスで満たされている。

地球の月は、木星の3つの月「ガニメデ」「カリスト」「イオ」と、土星の月「タイタン」についで5番目に大きい。

土星

タイタン 5,150km

レア 1,529km

イアペトゥス 1,471km

ディオネ 1,123km

テティス 1,066km

エンケラドゥス 504km

ミマス 396km

地球

月 3,475km

はやわかりリファレンス

これまでに木星の周囲で67個の月(衛星)が発見されている。太陽系惑星のなかでは最多。２番目は土星で62個。天王星は27個。海王星は13個。火星は２個。そして地球は１つだけ。金星と水星には、月はない。

火星

天王星

土星

木星

地球

海王星

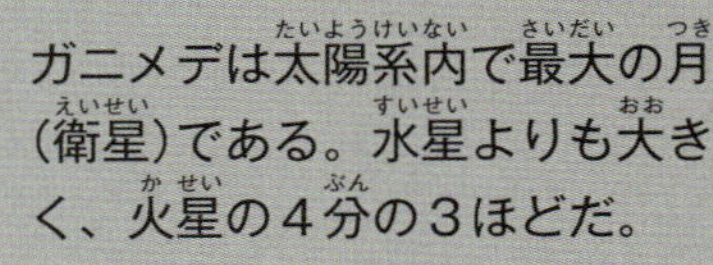

ガニメデは太陽系内で最大の月(衛星)である。水星よりも大きく、火星の4分の3ほどだ。

ガニメデ
5,262km

ヒペリオン

たいていの大きな月(衛星)は、重力で物質が中心に向かって引きつけられて球形となるが、土星の小型の月であるヒペリオンは、球になるだけの重力がないためジャガイモのような形をしている。

カリスト
4,821km

トリトン
2,707km

エウロパ
3,122km

海王星

イオ
3,643km

木星

チタニア
1,578km

オベロン
1,523km

火星の2つの小さな月(衛星)は両方とも、近くの小惑星帯から火星の重力によって取りこまれて、火星の月になったと考えられている。

アリエル
1,158km

ウンブリエル
1,169km

ミランダ
472km

ダイモス
12km

フォボス
22km

火星

天王星

現在、太陽系では合計172個の月(衛星)がそれぞれの惑星を周回していることがわかっている。しかし、新しい月がどんどん発見されているので、ここに取りあげる月は、各惑星を回るおもな月だけ。なお、冥王星などの準惑星*や小惑星にも月をもつものがある。

*太陽の惑星の定義を満たさないもののうち、比較的大型の惑星(⇒p23)のこと。

はやわかりリファレンス

土星は太陽系惑星のなかで２番目に大きい。ところが密度がそれほど高くなく、浴槽に惑星を浮かべるとすれば、太陽系の７つの惑星がすべて底に沈む一方で、土星だけは浮いてしまうことになる。

木星には少なくとも67個の月(衛星)がある。最大の月であるガニメデは、太陽系で最大の月。地球の月はもちろん、惑星である水星よりも大きい。

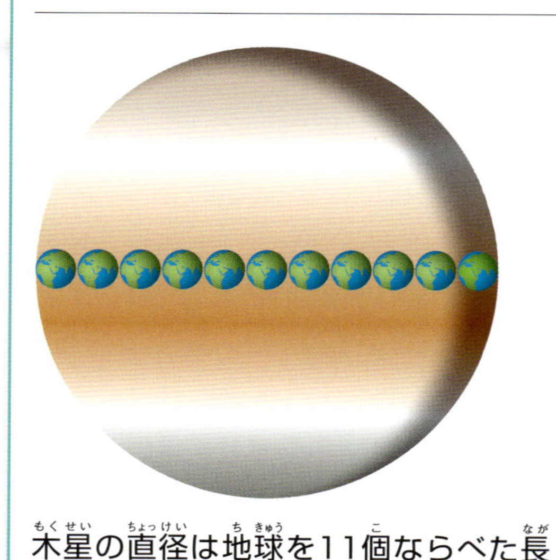

木星の直径は地球を11個ならべた長さと同じぐらい。

木星は、岩石質でできた小さな核(コア)があるけれど、ほとんどはガスでできている。体積は、太陽系のすべての惑星を集めた分のおよそ2.5倍。

木星はほかのどの太陽系惑星よりも自転がはやく、10時間で1周している。帯状のしま模様は、はやい自転と大気中の大きなガスの流れが関係してできるものと考えられている。

木星の大きさは？

太陽系で**最大の惑星**である**木星**は、**直径**が**13万9,833km**、**外周**が**43万9,298km**、**体積**は**1,431兆km³**である。

大赤斑（大きな赤いまだら模様）

「大赤斑」とは、木星の大気圏内を荒れる巨大なうず。幅が2万km以上もあって、なかに地球が2、3個すっぽり入る。

小惑星の大きさは？

小惑星は、数十mの小さな岩から「ベスタ」（直径573km）や「ケレス*」（直径950km）と名前がつけられている巨大なものまでさまざま。

＊ 現在は、小惑星から「準惑星」に分類変更されている。

この山は太陽系で最も標高の高い山頂の１つ。

アメリカ合衆国

ベスタくらいの大きさの物体が地球に衝突する可能性は非常に小さい。万一、地球に衝突すれば、あらゆる生物も生きのびられないほどの衝撃となる。6,500万年前に恐竜を死滅させたのは、小惑星（推定直径15km未満）の衝突が原因ではないかと考えられている。

チェリャビンスク隕石

2013年２月15日、ロシア南部チェリャビンスク州周辺に隕石が落下した。1,000人以上の負傷者を出し、被害建物は約3,000棟。アメリカ航空宇宙局（NASA）によると、隕石の大気圏突入前の質量は約１万t、直径は約17mだったという。

2011年に無人探査機ドーンは、1年をかけて周回し、ベスタの表面のくわしい調査をおこなった。その結果、表面はみぞとクレーターででこぼこであることが判明。

大きな3つのクレーターの列は、「雪だるまクレーター」と名づけられた。左に倒れた雪だるまというわけだ。

はやわかりリファレンス

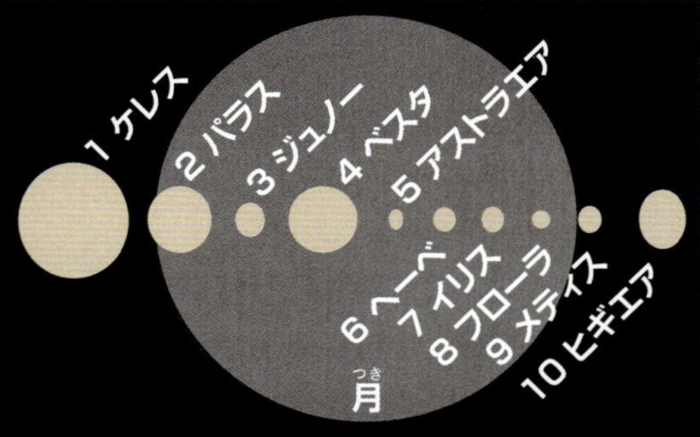

最初に発見された10個の小惑星には名まえの一部に1から10の番号がつけられた。大きさは、最大のケレスでも地球の月よりはるかに小さい。

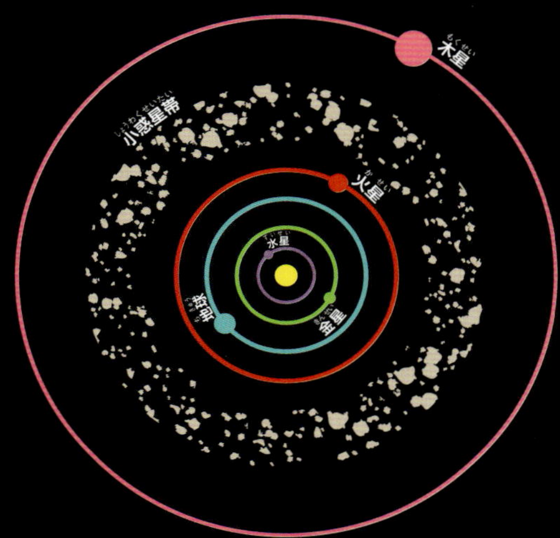

木星と火星の間にある小惑星帯には大小何百万個もの小惑星があり、太陽を周回している。

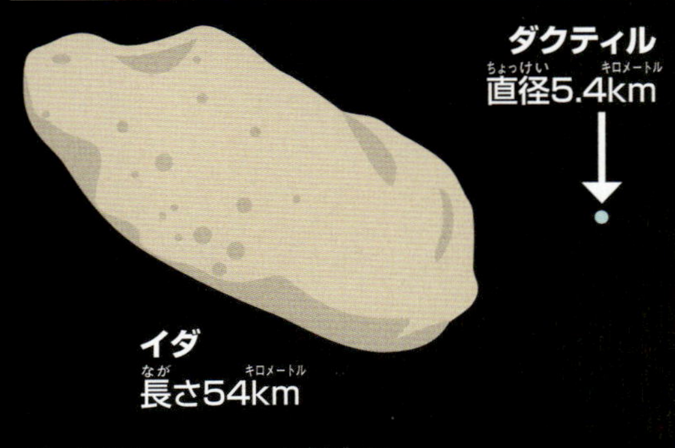

月(衛星)をもつ小惑星もある。1994年には小惑星イダに小さな月が発見され、「ダクティル」と名づけられた。

彗星の大きさは？

彗星の**核**は**小さい**が、まわりを包んでいる**ちりとガス**（**「コマ」**とよぶ）の直径が**10万km**に達し、**尾**が**数百万km**ものびるものもある。

木星
直径13万9,833km

激突

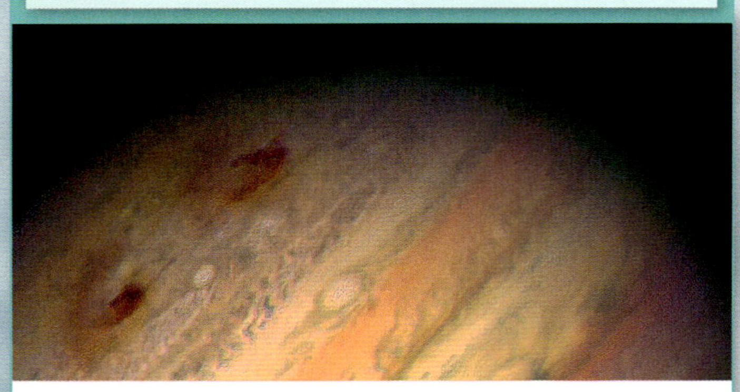

彗星は太陽系の小天体で、「ほうき星」ともよばれている。ほとんどは太陽のまわりを楕円軌道で公転しているが、太陽に近づかず二度と戻ってこないものもある。シューメーカー・レビー第９彗星は、1994年7月、木星に激突した。

尾は密度の非常にうすい白熱ガスでできている。彗星の尾の1 km^3にふくまれる物質は、大気1 mm^3中にふくまれるものより少ない。

はやわかりリファレンス

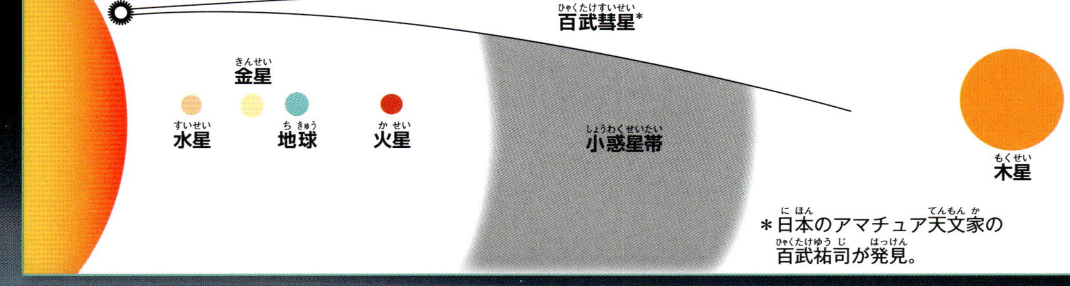

これまでで尾がいちばん長い彗星とされるのは、1996年に発見された「百武彗星」。少なくとも5億7,000万kmあり、小惑星帯の外側に達したという。また、過去200年間で地球に最も接近した彗星の1つだった。

彗星の核はほとんどが直径10km未満。ガスでできた巨大なコマに囲まれている。

大きくなったり小さくなったりする彗星のコマは、太陽系で最大の惑星である木星と同じぐらいの幅になる。

彗星は一生のうちの大部分は太陽系の外側にある。その際には彗星本体が凍りついた小さな状態にあるが、太陽系の領域に入りこむと、氷はガスに昇華*1して太陽風*2によってふき飛ばされ尾ができる。太陽に近づくにつれて、ふき飛ばされるガスやちりがふえていき、大きく明るくなる。反対に遠ざかっていくと暗くなる。

*1 固体が液体にならずに、直接気体になること。
*2 太陽のコロナ(太陽の大気の外側の層)から放出される高速度のプラズマ(電気を帯びた気体の原子や分子)の流れ。

最大の峡谷はどこにあるか？

火星にある**マリネリス峡谷**は、**深さが7km**、**長さは4,000km以上**あり、アメリカ大陸にある渓谷「**グランド・キャニオン**」の長さの**9倍**にあたる。

いちばん深いところは、「メラス・カズマ」とよばれる。幅も最大で、200kmある。

マリネリス峡谷は、1つの峡谷ではなく、小さな峡谷または「カスマータ（くぼ地）」の集合体となっている。

4,000km

マリネリス峡谷が北アメリカ大陸にあるとすれば、その長さは太平洋岸から大西洋岸まで達することになる。

グランド・キャニオン・スカイウォーク

アメリカのグランド・キャニオンにある崖に突きでたU字形の展望台。床が厚さ約10cmの透明ガラスでできていて、1,200mの深さの渓谷を見おろすことができる。

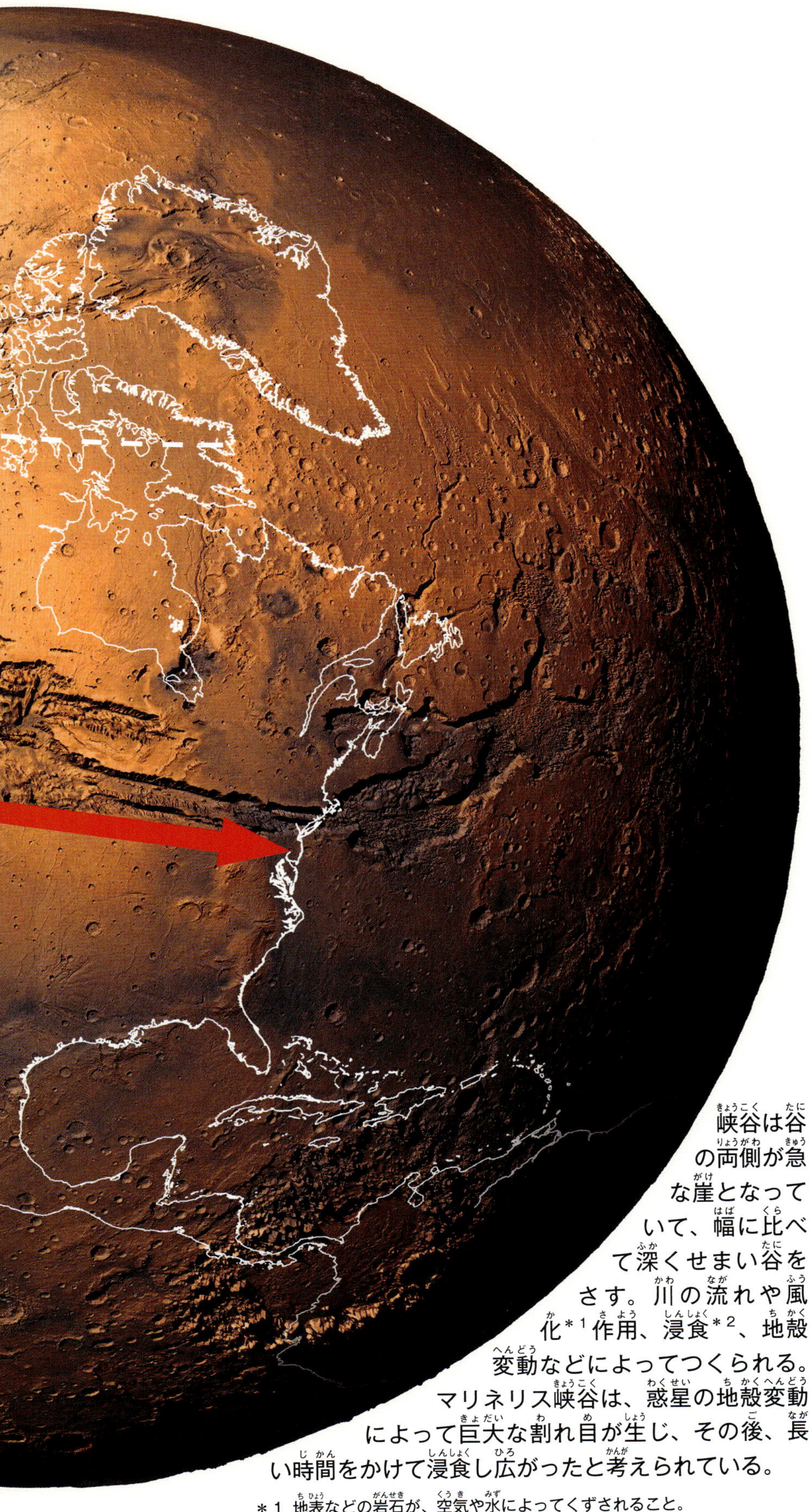

峡谷は谷の両側が急な崖となっていて、幅に比べて深くせまい谷をさす。川の流れや風化＊1作用、浸食＊2、地殻変動などによってつくられる。マリネリス峡谷は、惑星の地殻変動によって巨大な割れ目が生じ、その後、長い時間をかけて浸食し広がったと考えられている。

＊1 地表などの岩石が、空気や水によってくずされること。

＊2 流水、氷河、波、風などが地表面をほったり、けずったりする作用のこと。

はやわかりリファレンス

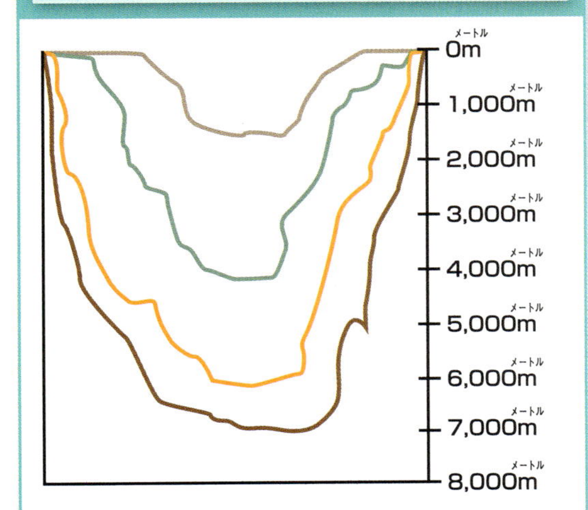

マリネリス峡谷（火星）
7,000m

ヤルンツァンポ（中国・チベット）
6,009m

コルカ（ペルー）
4,160m

グランド・キャニオン（アメリカ）
1,600m

地球上で最も深い峡谷は、
中国・チベットのヤルンツァンポ。

ヤルンツァンポ（中国・チベット）
496km

グランド・キャニオン（アメリカ）
445km

ヘルズ・キャニオン（アメリカ）
201km

フィッシュリバー・キャニオン（ナミビア）
160km

最長の峡谷であるヤルンツァンポは、
地球上で最大の峡谷でもある。

太陽系のデータ

大きさ

太陽系の**大きさ**は、太陽から地球までの距離の**10万倍**にあたる。太陽の光が地球まで届くには、秒速29万9,792km(光の伝わるはやさ)で**8分15秒**かかる。太陽からさらに太陽系のはて*まで届くには**555.5日**かかるといわれている。

＊太陽系のはてがどこかは、厳密にはまだ確定されていない。

彗星

彗星の核の大きさは、**100mから40km**までまちまち。

彗星は太陽系と同じ時期にできた。それはおよそ**45**億年前のことだ。彗星も惑星と同様に太陽を周回するが、軌道は楕円。

彗星が太陽に近づくと核がとけ、ちりとガスでできた長さ**数百万kmもの尾**が**形づくられる。**

長い1日

水星は、夜明けから夜明けまでの時間(1日)が、太陽のまわりを1周するのにかかる時間(1年)よりも長い。なぜなら、自転が非常にゆっくりで、公転が非常にはやいからだ。たとえば、太陽に見立てたボールを置き、そのまわりを自分が水星となって回ってみよう。ボールを1周する間(1年)に、自分が1回転(1日)しなければ、1日は1年より長いことになる。

惑星への飛行

航空機が時速900kmで太陽を飛びたつとしたら、**それぞれの惑星までどれだけ時間がかかるか。**

天王星 364.1年

海王星 570.5年

1日の長さ

1日は、惑星が地軸を中心に**1回自転**して、太陽が空の同じ場所(たとえば夜明けから夜明け)にもどるのに**必要な時間**として計測される。

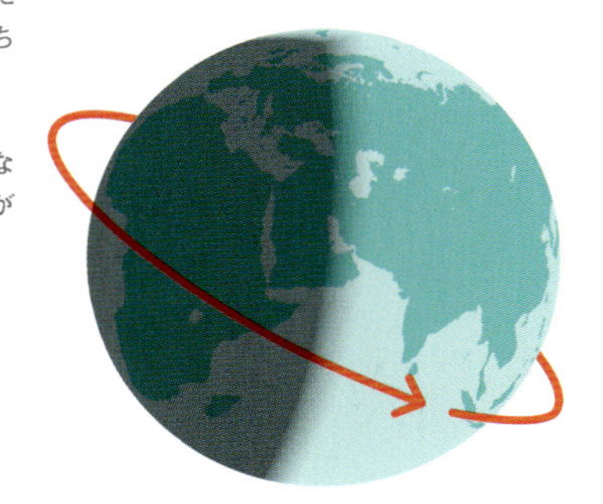

惑星	1日の長さ
水星	176地球日
金星	117地球日
火星	24時間40分
木星	9時間56分
土星	10時間33分
天王星	17時間14分
海王星	16時間6分

これは、地球の1日、時間、分の長さで表したもの。

無人探査機の飛行

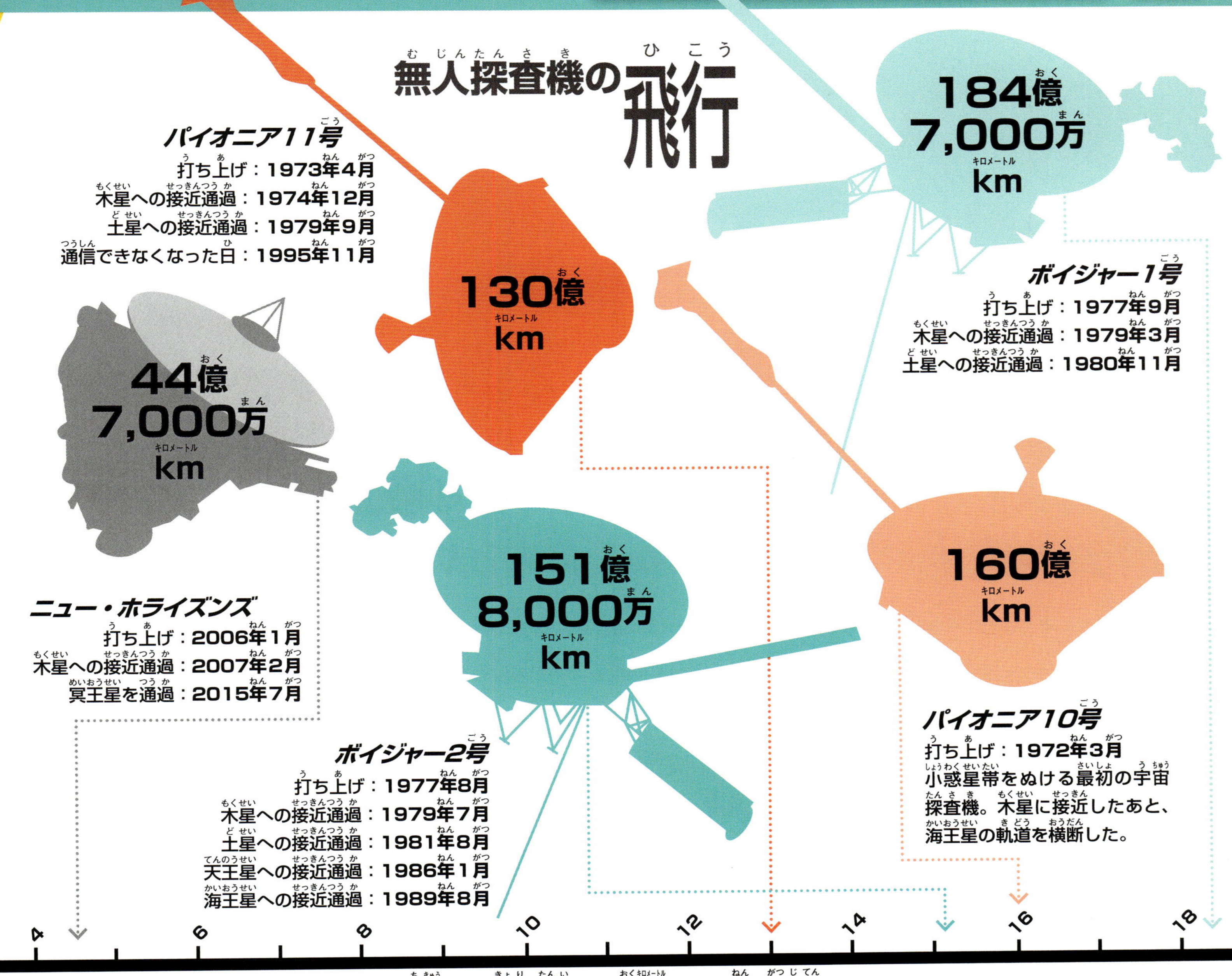

準惑星

太陽系には惑星が8つ、準惑星とよばれる比較的小さな天体が数多くある。以下はこれまでに発見されたなかで大型の準惑星だ。なお、冥王星は、かつて惑星とされていたが、2006年に準惑星と位置づけ直された。

エリス	半径1,163km
プルート	半径1,151km
マケマケ	半径710km

太陽系外惑星

太陽のまわりを惑星が回り、惑星のまわりを衛星が回るような天体は、宇宙に無数にある。太陽系以外の惑星を「**太陽系外惑星**」とよぶ。

太陽系外惑星HAT-p-32bは、地球から1,044光年の距離にあり、太陽に似た恒星のまわりを回っている。

半径は木星の**2倍**だが、

質量は木星より**少ない**。

太陽系外惑星KOI-55.01は、地球から3,850光年の距離にあり、地球の11倍もの**密度**がある。太陽の5分の1の大きさの恒星を、5.8時間周期で公転している。これまで知られている**最短の公転周期**の惑星だ。

最大の恒星の大きさは？

太陽より**何百倍も大きい恒星**はたくさんある。最近まで最大とされていた**「おおいぬ座VY星」**は、直径が**約20億km**。現在観測されているものの中では、**「はくちょう座V1489星」**が直径**約23億km**で**最大**といわれる。

おおいぬ座VY星の直径は、太陽のおよそ1,400倍といわれる。

はやわかりリファレンス

太陽は50億年以上すぎると、核融合をおこす水素がなくなってしまい、重力により収縮しようとする力と、膨張しようとする力とのバランスがくずれ、赤色巨星とよばれる膨張を開始する段階に入る。現在の11倍から170倍近くにも膨張すると考えられている。赤色超巨星となった、おおいぬ座VY星を太陽系の中心に置いて見ると膨張するようすが想像できる。

土星
木星
火星
地球
太陽
おおいぬ座VY星

アルデバランは赤色巨星で、太陽から67光年の距離にあり、直径が太陽の44倍ある。

アルクトゥルスは赤色巨星で、太陽から37光年の距離にあり、直径が太陽の25倍ある。夜空で４番目に明るい星だ。

巨星、超巨星、超々巨星と比べると、太陽系の太陽はちっぽけなものだ。

太陽

超新星

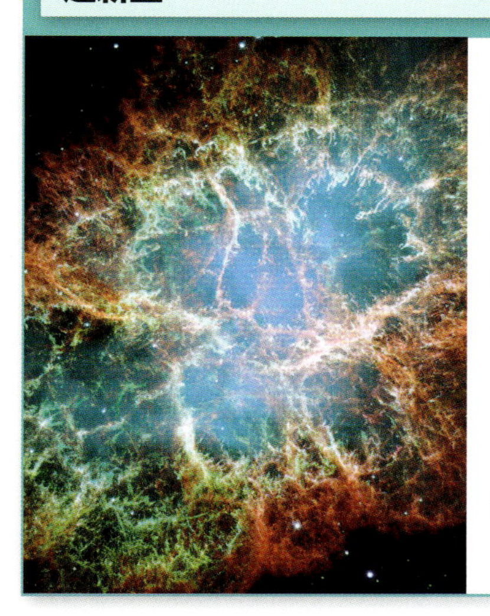

巨大な赤色巨星が消滅するとき、自らの重力によって、核がとてつもないエネルギーで爆発。ちりやガスとなって宇宙空間に放出される。この爆発を「超新星爆発」とよぶ。超新星爆発により、突然明るさを増す現象、またはその輝きが観測されたものを超新星という(写真)。

リゲルは太陽から860光年の距離にある、きれいに輝く青色超巨星。青色超巨星とは直径が太陽の数十倍以上あり、光度が太陽の1万倍以上ある恒星のこと。

おおいぬ座VY星は、おおいぬ座にある赤色超巨星。赤色超巨星とは、直径が太陽の数百倍から千倍以上あり、明るさが太陽の数千倍以上ある恒星。おおいぬ座VY星は、太陽からの距離がおよそ4,000光年あり、直径が太陽のおよそ1,400倍、明るさが太陽のおよそ50万倍もあるが、重さが太陽の20～30倍ほどにすぎない。ぎりぎりまで膨張しているので、外側の層は地球の大気の1,000分の1ほどととてもうすく、その層からはガスが外部へ押しだされている。

中性子星は、宇宙の最も遠くに存在すると考えられる天体。温度は100万℃以上で、表面の重力は、地球上の重力の2,000億倍といわれる。1秒に何百回も自転しているものもあると推測されている。

中性子星はうす暗く青白い色をしている。温度がとても高く、目に見える光線は、ほとんど出さない。強いX線を放って輝いている。

はやわかりリファレンス

中性子星は、自らの重力によってくずれおちた巨星の中心に存在する。くずれたことで、中性子星の質量が、非常に小さな空間に押しこめられる。

中性子星はくずれおちるときに縮む。太陽より大きな質量でも、大きさは1つのまちと同じ程度の直径30km以下(地球の425分の1)ほどになる。

宇宙で最も重い物質は?

中性子星*の内部にある**物質**は非常に密度が高く、**角砂糖**の大きさで、**地球上の全人口**の体重と等しいぐらいと考えられている。

*おもに中性子からできている、非常に高密度の恒星。

パルス星

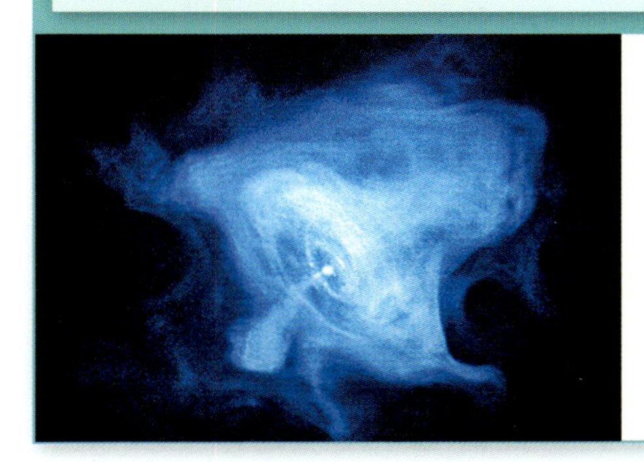

高温の物質が回転する円盤の中心に中性子星があって、放射線のビームやうずを巻いているガスをはき出す。ビームは、地球に向かって毎秒30回放射される。地球では、光のパルスが観測できる。

針の頭を約1 mm^3とすると、中性子星内部の物質は非常に密度が高いので、その針の頭ほどの大きさで100万tの重さになる。

中性子星の物質でつくった、針の頭の大きさのかたまり。

中性子星の物質で針の頭をつくると、エンパイア・ステート・ビル3棟分の重さになる。

エンパイア・ステート・ビルの重さは、1棟33万1,000t。3棟分では99万3,000tになる。

光の速度は？

光は瞬間に届くように思えるが、光が進むのにも時間が必要だ。宇宙空間では、**光**は**時速10億8,000万**km、**秒速**にすると**29万9,792**kmの速度で**進む**。

光がここから旅をはじめる。

ストップウォッチは、0を示す。

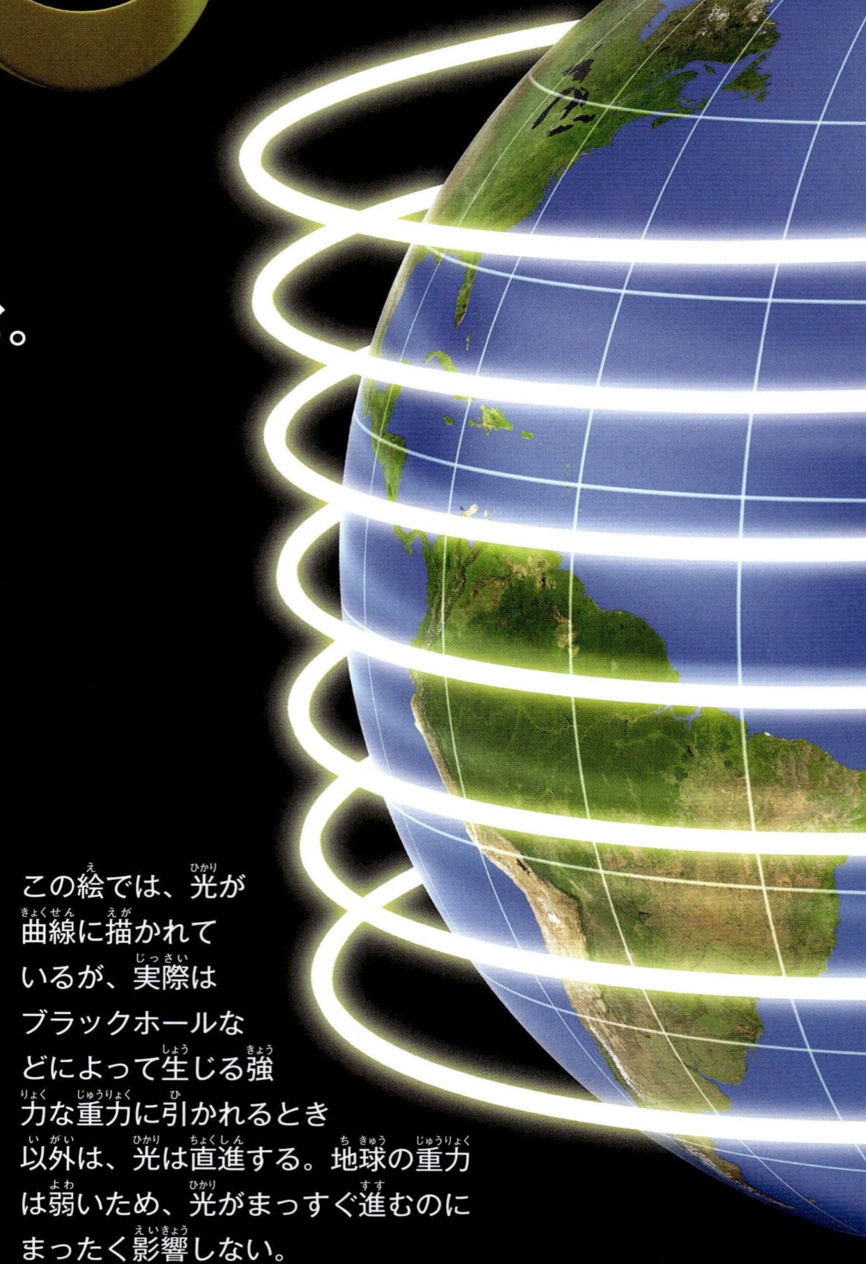

この絵では、光が曲線に描かれているが、実際はブラックホールなどによって生じる強力な重力に引かれるとき以外は、光は直進する。地球の重力は弱いため、光がまっすぐ進むのにまったく影響しない。

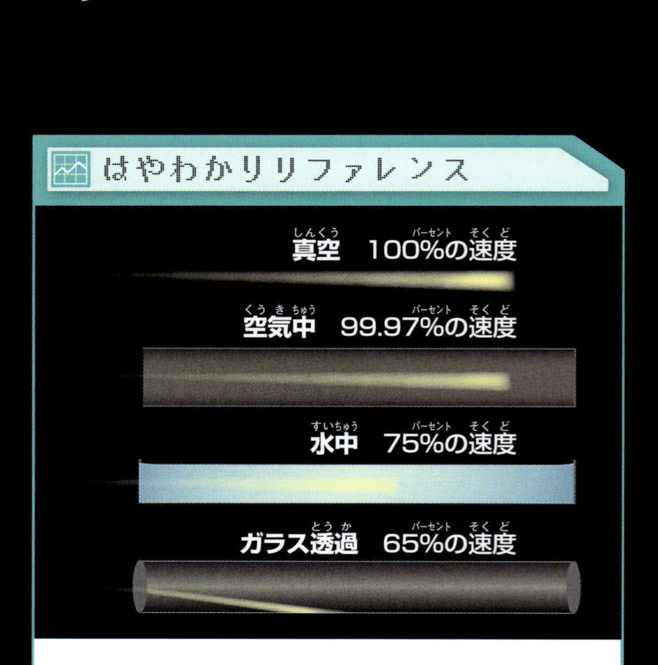

光は真空中では秒速29万9,792kmで進むが、空気中は真空中の99.97%で、水中では75%で、ガラスを通るときには約65%といったぐあいに、進む速度が落ちる。

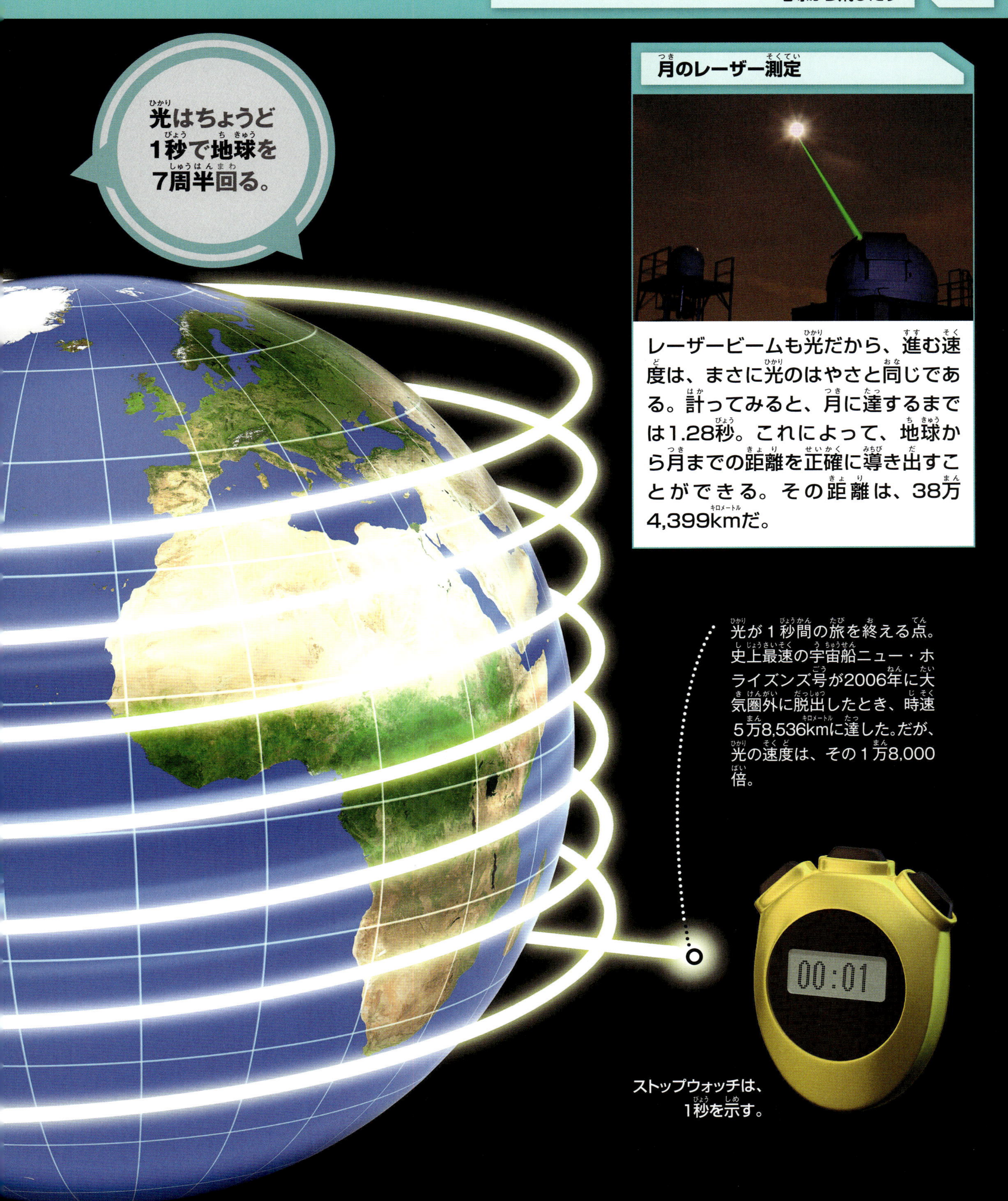

光はちょうど1秒で地球を7周半回る。

月のレーザー測定

レーザービームも光だから、進む速度は、まさに光のはやさと同じである。計ってみると、月に達するまでは1.28秒。これによって、地球から月までの距離を正確に導き出すことができる。その距離は、38万4,399kmだ。

光が1秒間の旅を終える点。史上最速の宇宙船ニュー・ホライズンズ号が2006年に大気圏外に脱出したとき、時速5万8,536kmに達した。だが、光の速度は、その1万8,000倍。

ストップウォッチは、1秒を示す。

宇宙はどのくらい低温？

宇宙空間の物体の温度*の変化は、高温から低温まで極端だ。星から遠く離れた位置では、**温度**は**−270.4℃**となる。

*温度とは、物質を構成する分子の運動エネルギーの値。そのため、本来は物体がなければ温度は測れない。

水の沸点。水が水蒸気に変化する温度は100℃。

水の氷点。水が氷に変化する温度は0℃。

地球上での最低気温は、1993年に南極のボストーク基地で計測された−89.2℃。（2012年現在）

はやわかりリファレンス

太陽の表面温度は約5,600℃だが、中心部では1,500万℃を超える。水星は太陽に最も近いが、厚い大気におおわれている金星のほうが、温度は高い。

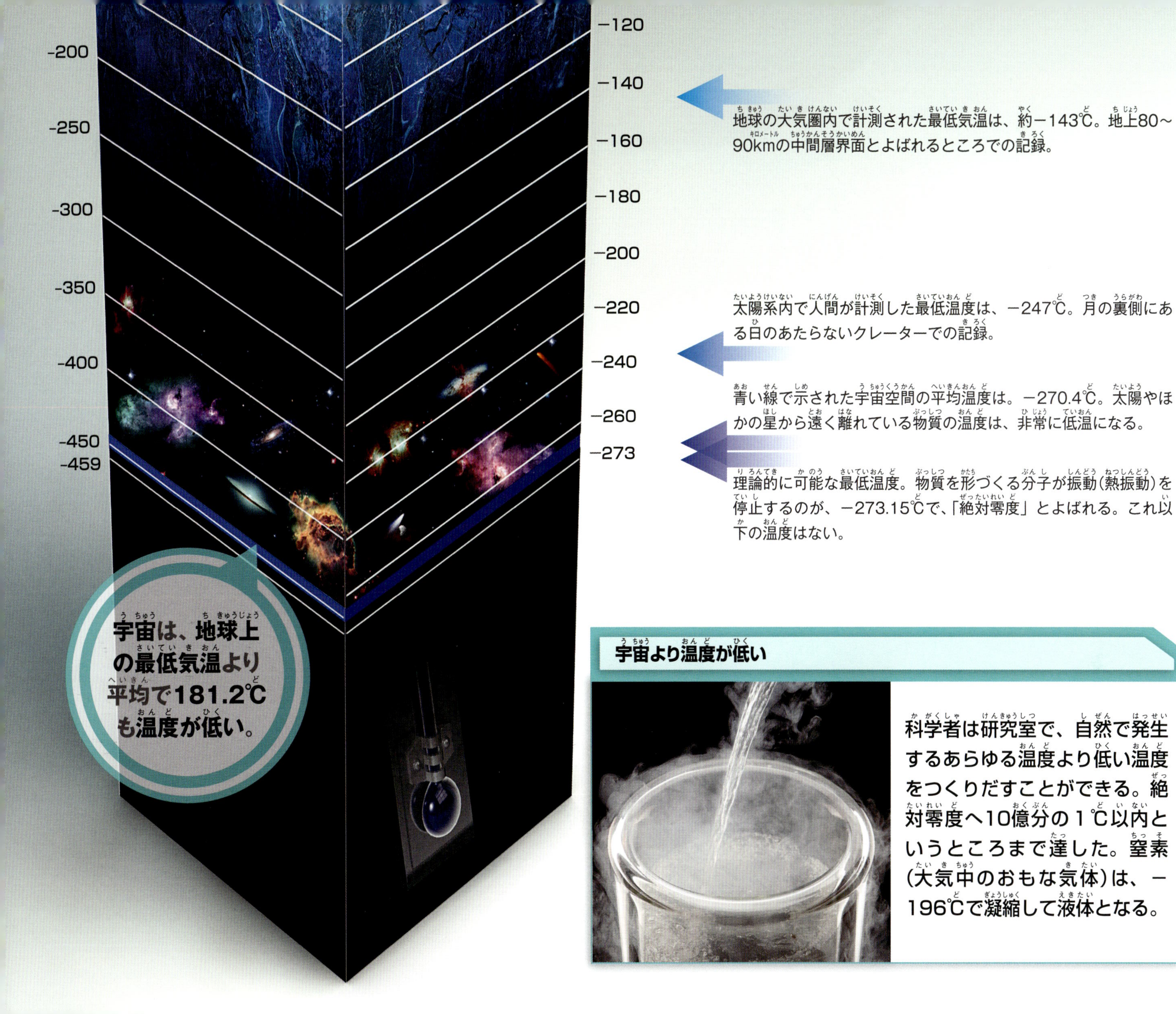

地球の大気圏内で計測された最低気温は、約−143℃。地上80〜90kmの中間層界面とよばれるところでの記録。

太陽系内で人間が計測した最低温度は、−247℃。月の裏側にある日のあたらないクレーターでの記録。

青い線で示された宇宙空間の平均温度は。−270.4℃。太陽やほかの星から遠く離れている物質の温度は、非常に低温になる。

理論的に可能な最低温度。物質を形づくる分子が振動(熱振動)を停止するのが、−273.15℃で、「絶対零度」とよばれる。これ以下の温度はない。

宇宙は、地球上の最低気温より平均で181.2℃も温度が低い。

宇宙より温度が低い

科学者は研究室で、自然で発生するあらゆる温度より低い温度をつくりだすことができる。絶対零度へ10億分の1℃以内というところまで達した。窒素(大気中のおもな気体)は、−196℃で凝縮して液体となる。

宇宙の大きさは？

宇宙の大きさは**想像できないほどの広さ**だ。宇宙空間で距離を測るのに、科学者たちは「**光年**（光が１年間で到達する距離）」という単位をつかう。

はやわかりリファレンス

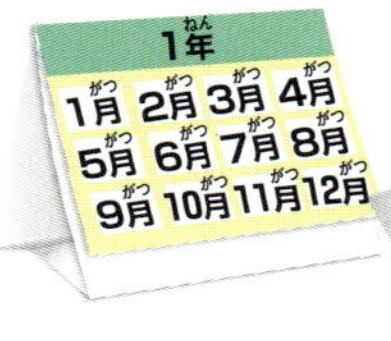

宇宙の年齢は137億7,000万年と考えられている。それと比べると、人類の歴史は短い。その時間を１年とし、宇宙が元旦からはじまったとすると、人類（ホモ・サピエンス）が登場するのは、大晦日の午後11時52分。つまり、1年で最後の8分だけが人類の歴史だ。

天の川銀河
太陽系をふくむ円盤型をしたうず巻き状をしている。この無数の星の集まりの直径は、およそ10万光年（１光年は９兆4,610億km）だと推測されている。

太陽は、地球からおよそ1億5,000万kmの距離にある。

太陽系
太陽と、地球やほかの７つの惑星、多数の準惑星や彗星、無数の小惑星が集まり、太陽のまわりを回っている。

地球は小さな惑星で、直径が約１万2,742km。

南アメリカ大陸の北から南までの長さは、およそ7,500km。

天王星の軌道。太陽系で太陽から２番目に遠い惑星で、太陽から平均して27億8,000万kmの距離を回っている。

天の川銀河

天の川銀河(「銀河系」ともよばれる)は、円盤の形をしている。地球からは明るい星の帯(川)のように見えるのは、地球が円盤のなかに位置しているからだ。

アンドロメダ銀河は、地球から見ることができるアンドロメダ座に位置するうず巻き型銀河。太陽系がふくまれる「銀河系(天の川銀河)」や大マゼラン銀河などとともに局部銀河群を構成する。

局部銀河群

天の川銀河(銀河系)の周辺にあって、直径およそ500万光年の範囲。直径はおよそ1,000万光年。天の川銀河は、銀河群のなかの小さな部分だ。

天の川銀河の中心には、太陽の400万個分の質量をもつ、超大質量ブラックホール*1が存在すると考えられている。

*1 宇宙に存在するといわれている、極めて強い重力をもった天体。

観測できる宇宙のはてまでは、約138億光年の距離がある。

宇宙は約138億年前の「ビッグバン」で誕生し、そのときの密度「0」の状態からの宇宙の膨張は、現在も将来もつづくと考えられている。

赤い点は、地球から見ることのできる最も遠い銀河だとされている。

宇宙のデータ

恒星の内部

太陽のような天体は、**大きさ**はさまざまだが、**働き**がほとんど**同じ**だ。熱

核

融合により信じられないほど**巨大な量のエネルギー**が**生まれ、宇宙へ放出**される。

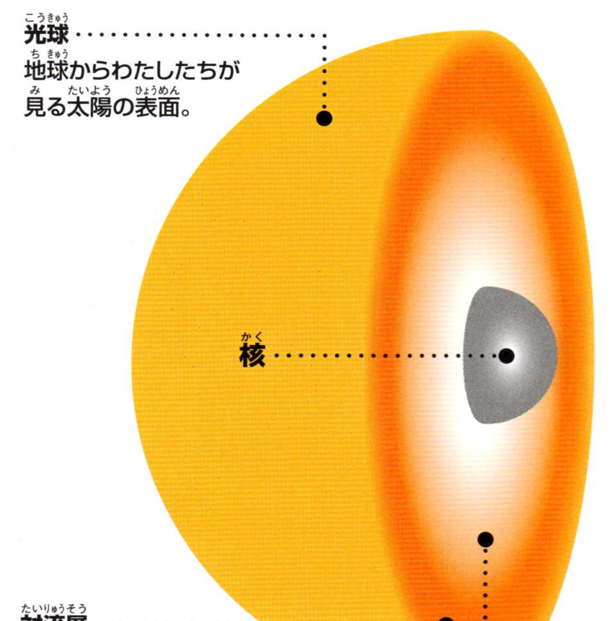

宇宙の年齢は 138 億年ぐらいと考えられている。

銀河

銀河にはおもな型が4つある。

うず巻き型銀河

楕円形銀河

レンズ状銀河

不規則型銀河

星の一生

星がどのように一生を終えるかは、大きさと質量によって変わる。平均的な太陽のような恒星は核融合をおこす物質がなくなると膨張して冷えた弱い星である赤色巨星(⇒p25)になる。その後、外層の物質がどんどん放出されていき「惑星状星雲*」とよばれる雲が形づくられる。より質量の大きな星は、赤色超巨星となり最期に大爆発をおこす。これが「超新星爆発」だ。(⇒p25)。

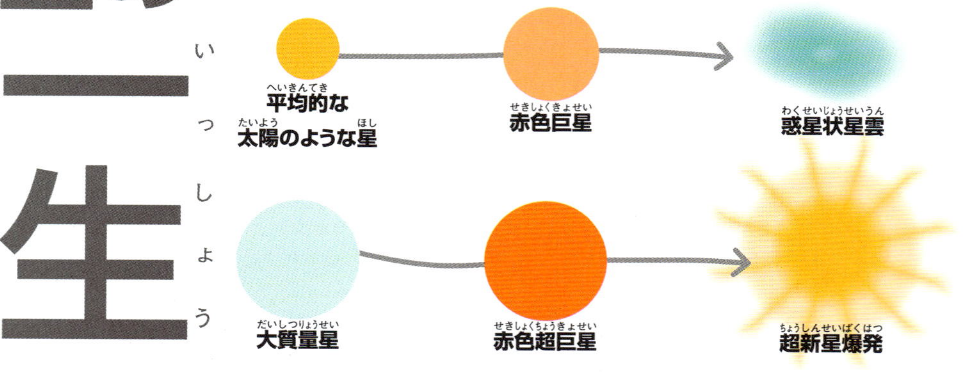

＊惑星状星雲は、恒星が赤色巨星となる際に放出したガスが、中心の白色矮星の放出する紫外線に照らされて輝いて見えるもの。

巨大な太陽と ビッグバン

太陽は50億年後には消滅し、現在のおよそ100倍の大きさまで膨張すると考えられている。

質量

大質量星のほとんどは恐ろしいはやさで核融合反応をおこす物質を消費していき、数百万年で消滅すると推測されている。しかし、赤色矮星として知られる小さな星は弱い状態のまま何兆年にもわたって成長をつづける。

大質量星である「りゅうこつ座イータ星」は、地球から8,000光年の距離にあるが、まもなく超新星爆発をおこすと考えられている。もし爆発したら、地球上で夜でも字が読めるほどの、太陽についで**明るい**星になるといわれている。

天の川銀河（銀河系）

太陽系をふくむ天の川銀河は、2,000億個以上の天体が直径およそ**10万光年**のうず巻き状をなしている。

最も近い銀河系であるアンドロメダ星雲(⇒p33)までの距離は、およそ250万光年。アンドロメダ星雲は、直径が26万光年。天の川銀河の２倍以上の大きさで、4,000億個ほどの星がある。

光速旅行

光の速度は、**秒速29万9,792km**。しかし宇宙はあまりにも広い。光速で進んだとしても、相応に**時間**がかかる。

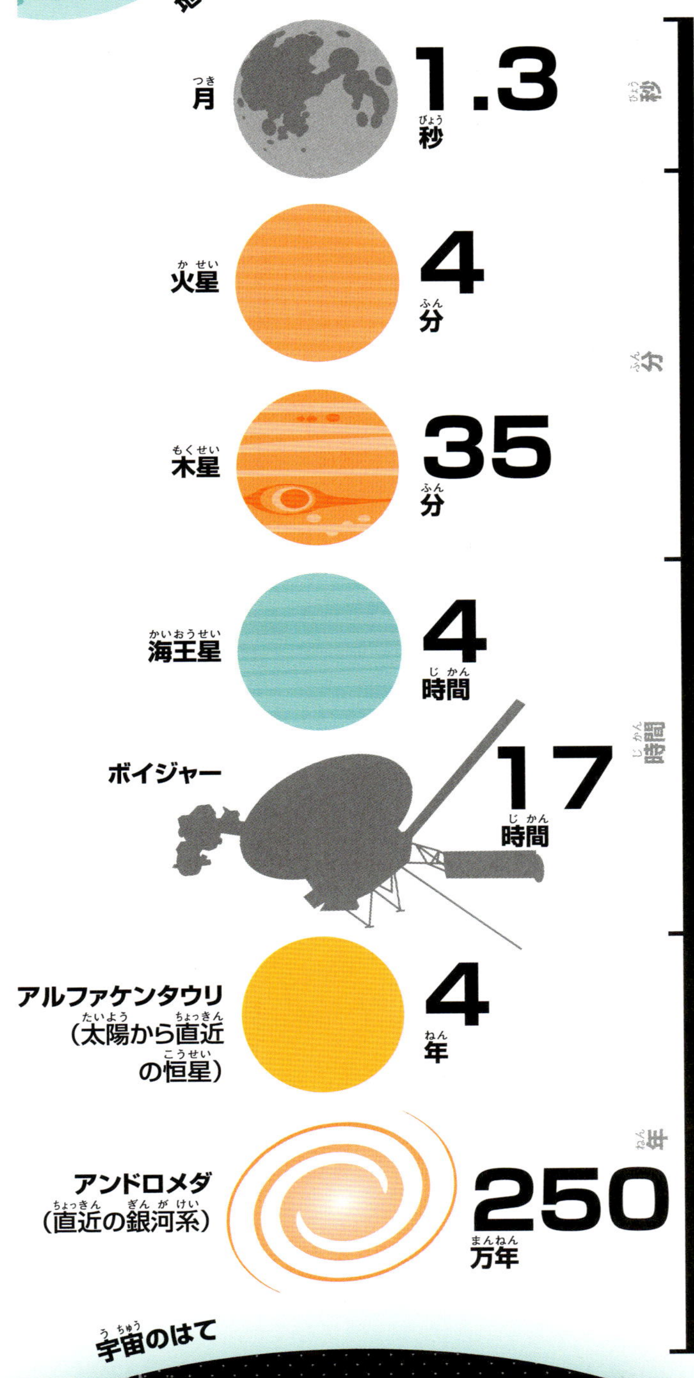

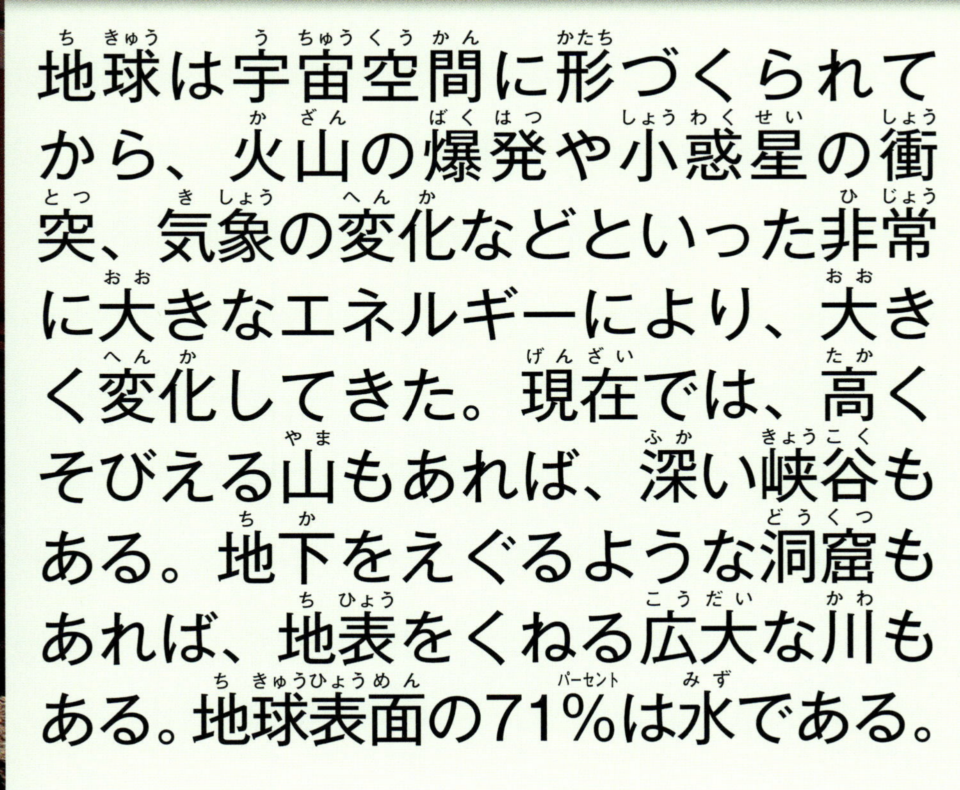

驚くべき地球

地球は宇宙空間に形づくられてから、火山の爆発や小惑星の衝突、気象の変化などといった非常に大きなエネルギーにより、大きく変化してきた。現在では、高くそびえる山もあれば、深い峡谷もある。地下をえぐるような洞窟もあれば、地表をくねる広大な川もある。地球表面の71%は水である。

アメリカ合衆国アリゾナ州にあるグランド・キャニオンでは、観光客がすばらしい景色と足がすくむような高さを楽しむことができる。渓谷の深さは約1.8kmで、エンパイア・ステート・ビル(最頂部443.2m、最上階373.2m)をたてに4つ重ねた高さだ。634mのスカイツリーなら3つ弱。

最大の大陸は?

ユーラシア大陸(ヨーロッパ大陸とアジア大陸)・アフリカ大陸・北アメリカ大陸・南アメリカ大陸・オーストラリア大陸・南極大陸の**6つの陸上部分**(7大陸といわれる)のうち、**アジア大陸が最大**で、面積は**4,456万8,500km²**。

オーストラレーシアは、面積は852万5,989km²。オーストラリア、ニュージーランド、ニューギニアと周辺の島をふくむ。

ヨーロッパ大陸の面積は994万8,000km²。地表の総面積の7%で、カナダの面積よりわずかに大きい。

南極大陸の面積は1,400万km²。ほとんどが氷でおおわれている大陸だ。

はやわかりリファレンス

グリーンランド島
ニューギニア島
ボルネオ島
マダガスカル島
バフィン島(カナダ)

島とは、海に囲まれている小さめの土地のこと。世界的にオーストラリア大陸を基準に、それより小さなものを島とよんでいる。世界最大のグリーンランド島の面積は、約216万6,000km²。世界で2番目、約78万6,000km²の面積をもつニューギニア島の3倍近い大きさだ。

大陸とは、海などによってほかから分離される巨大な土地のかたまりのこと。実際は7大陸のうちの3つと2つはそれぞれつながっている。ヨーロッパとアジアはまとめてユーラシア大陸として1つの大陸と見なされる。

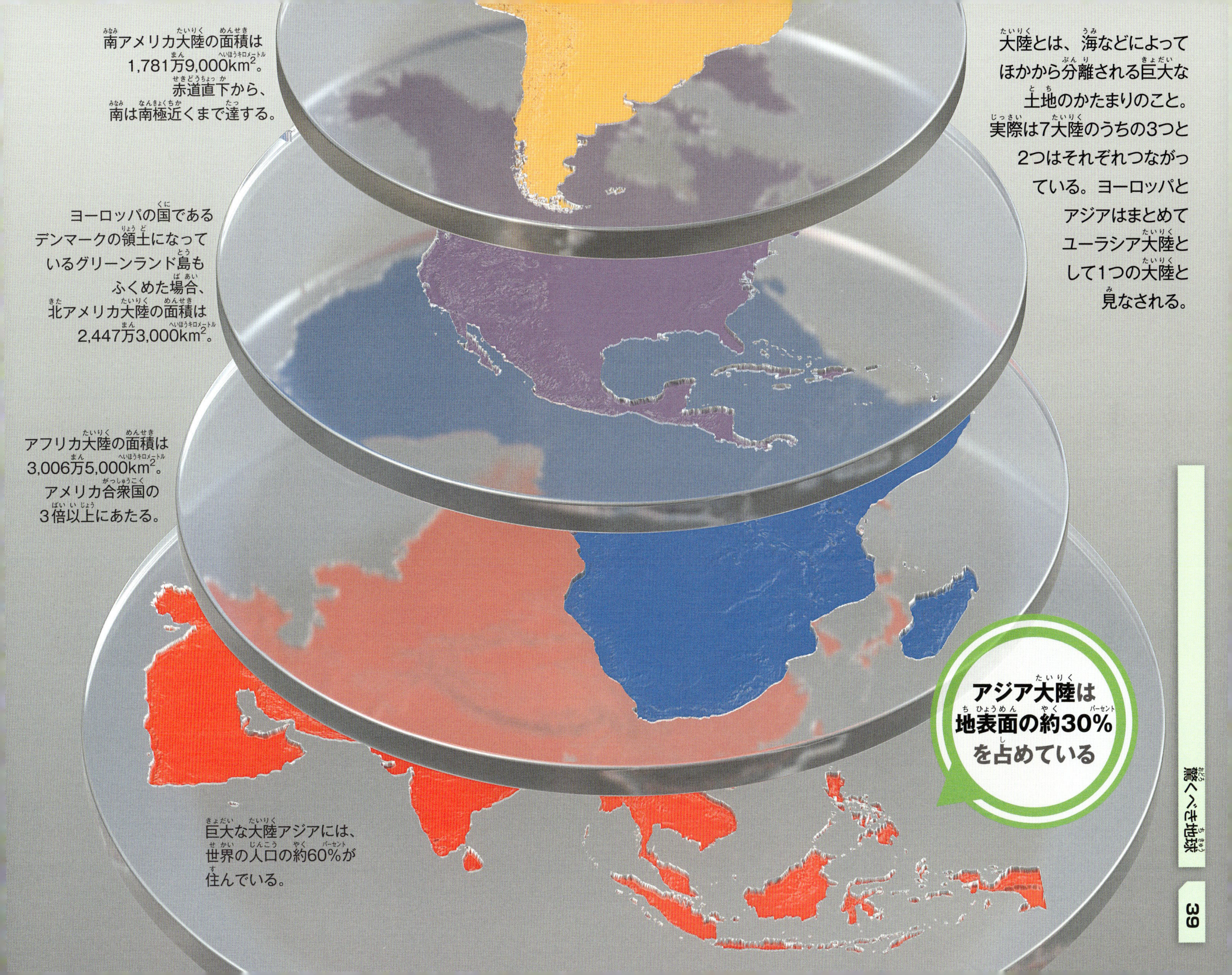

南アメリカ大陸の面積は1,781万9,000km²。赤道直下から、南は南極近くまで達する。

ヨーロッパの国であるデンマークの領土になっているグリーンランド島もふくめた場合、北アメリカ大陸の面積は2,447万3,000km²。

アフリカ大陸の面積は3,006万5,000km²。アメリカ合衆国の3倍以上にあたる。

巨大な大陸アジアには、世界の人口の約60%が住んでいる。

フランスの横幅は974km。TGVの高速列車なら、4時間以内で横断できる。

アフリカ大陸のアルジェリアの横幅は、2,400km。サハラ砂漠の砂丘を旅するには用心が必要。

オーストラリアの横幅は、3,983km。東海岸から西海岸へは、478kmという世界最長の直線区間をもつ鉄道がある。

アメリカの横幅は、4,517km。自転車で１日80km走ると、横断するのにおよそ２か月かかる。

ロシアの横幅は、9,650km。国土が東西に長く、東端と西端の時差は最大で９時間。

最小の国

世界最小の国は、イタリアのローマ市内にある、面積が0.4km²のバチカン市国。サッカー場65個分ほどの広さ。人口は、1,000人未満。

最大の国は？

ロシアは2つの大陸にまたがり、地表面の11.5%を占めている。

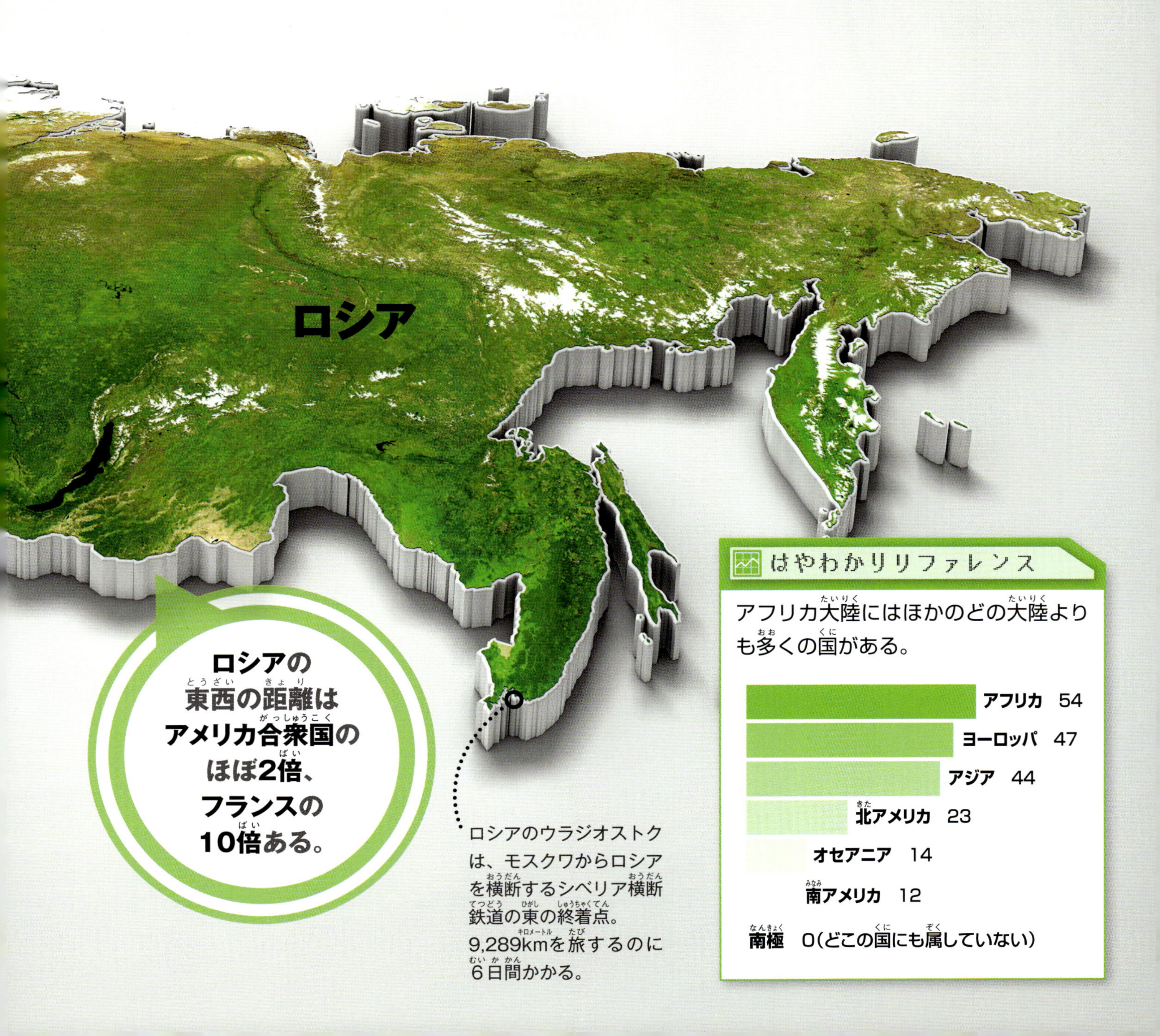

ロシアの東西の距離はアメリカ合衆国のほぼ2倍、フランスの10倍ある。

ロシアのウラジオストクは、モスクワからロシアを横断するシベリア横断鉄道の東の終着点。9,289kmを旅するのに6日間かかる。

はやわかりリファレンス

アフリカ大陸にはほかのどの大陸よりも多くの国がある。

大陸	国の数
アフリカ	54
ヨーロッパ	47
アジア	44
北アメリカ	23
オセアニア	14
南アメリカ	12
南極	0(どこの国にも属していない)

最大の湖は？

北アメリカの五大湖すべてをあわせても、バイカル湖をいっぱいにすることはできない。

北アメリカ大陸の五大湖

1万年以上前に氷河の浸食でできた五大湖は、北アメリカ大陸の全水量（淡水）の84％を占めている。ミシガン湖以外の4つの湖は、カナダとアメリカの国境にもなっている。

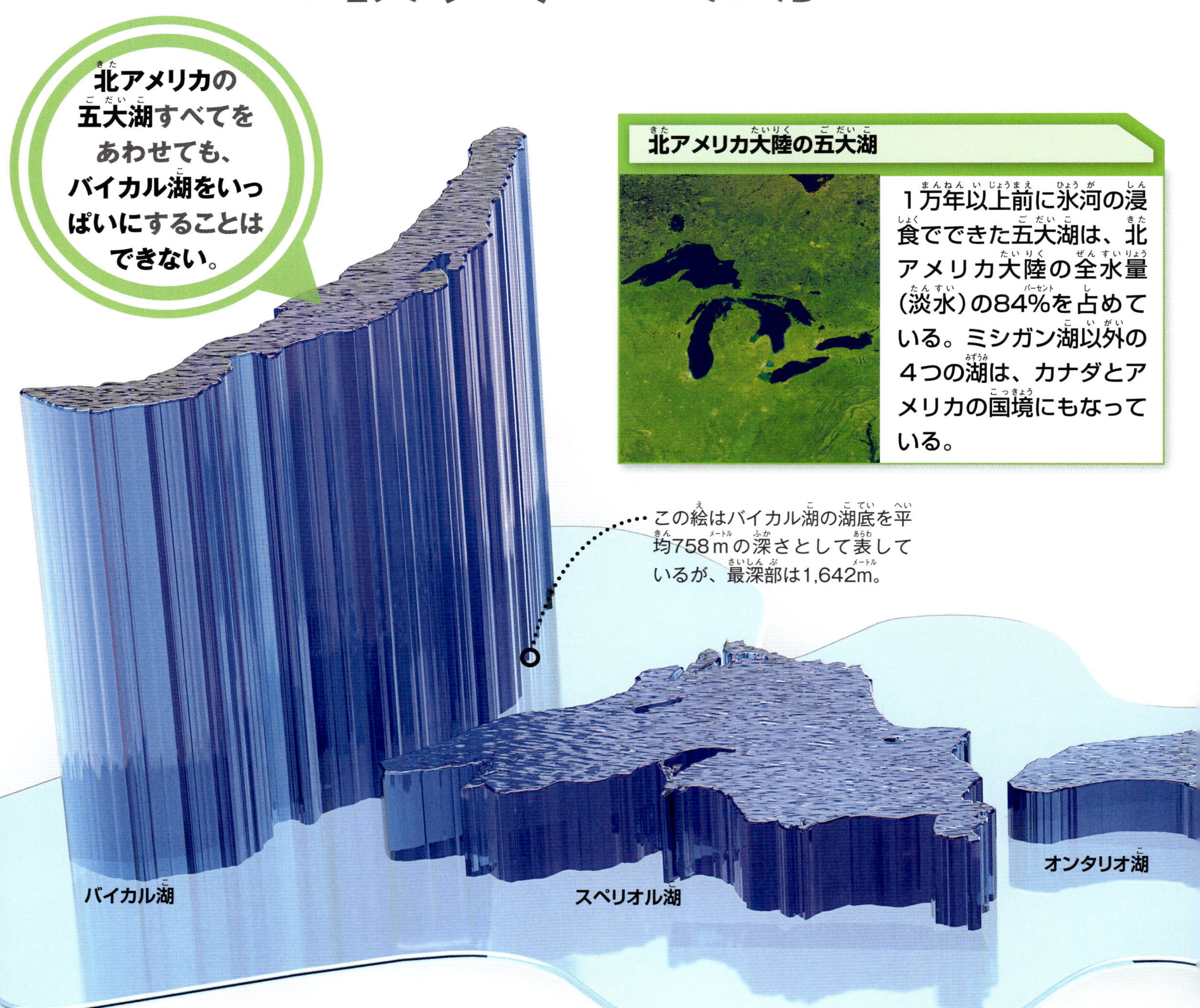

この絵はバイカル湖の湖底を平均758mの深さとして表しているが、最深部は1,642m。

世界最深で最古の湖であるバイカル湖は、およそ2,500万年前に地球の地殻変動で深い谷が形成され、その後、水が満たされた。世界全体の地上の淡水の20％を占めると推定されている。

貯水量はバイカル湖の半分強。平均で147mの深さがある。面積、深さ、容積、いずれも五大湖で最大。

平均で86mの深さがあり、容積はバイカル湖の15分の1。

シベリアにある**バイカル湖**が容積では世界**最大の淡水湖**で、およそ**23兆6,150億kL**の貯水量がある。

はやわかりリファレンス

アジア大陸とヨーロッパ大陸の中間に位置するカスピ海は、古代の海がそのまま残る塩湖で、湖というよりは内海と見なされる。面積はバイカル湖の12倍ぐらいだが、容積ではおよそ3倍。

土星の衛星であるタイタンには、おもにメタンでできた巨大な湖がいくつかある。リゲイア海は、面積が五大湖の1つほど。クラーケン海の面積は、カスピ海よりわずかに大きい。

五大湖は合計面積でバイカル湖の7倍以上だが、バイカル湖が非常に深いため、貯水量では下回る。

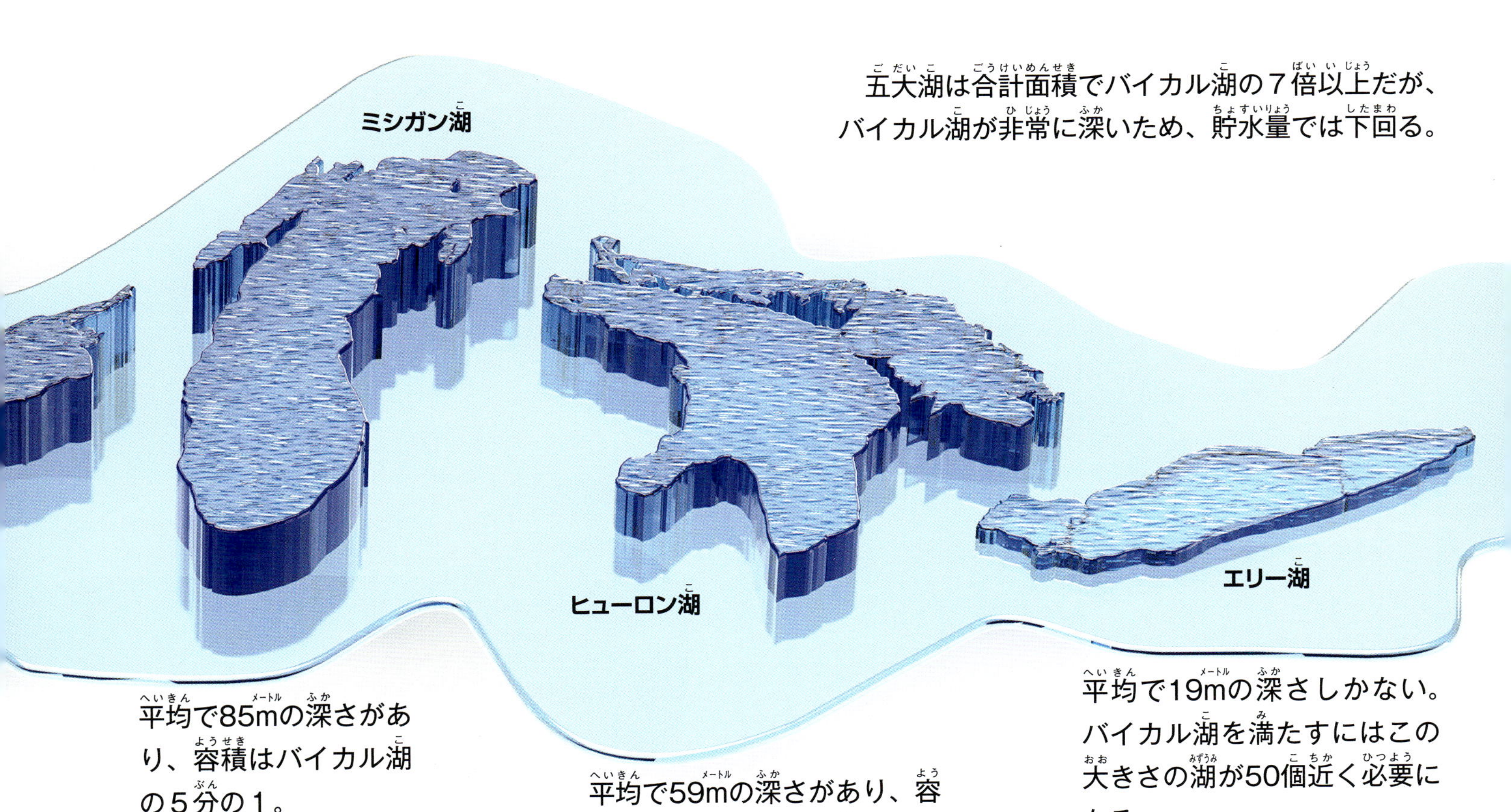

平均で85mの深さがあり、容積はバイカル湖の5分の1。

平均で59mの深さがあり、容積はバイカル湖の7分の1。

平均で19mの深さしかない。バイカル湖を満たすにはこの大きさの湖が50個近く必要になる。

最大の川は?

ナイル川ほど**長く**ないが、**アマゾン川**の水量は世界一だ。毎秒**2億1,900万L**の水を海に送りだしている。その量は、**世界中の川をあわせた水量**の**5分の1**に相当する。

アマゾン川の川幅は、乾季では1.6~10kmほどだが、雨季になると最大48km以上にまで広がる。

パラー川

パラー川は河口でアマゾン川と合流し、河口を広げている。

アマゾン川は大西洋に達するところで、大きく河口を開き、もう1つの大河パラー川と合流する。この絵は「アマゾン河口」とよばれる河口付近を表している。

はやわかりリファレンス

アマゾン川流域は、オーストラリアと同じぐらいの面積。南アメリカ大陸のおよそ40%を占め、世界最大の河川流域となっている。ここでは、毎年大量の雨がふり、川が増水する。

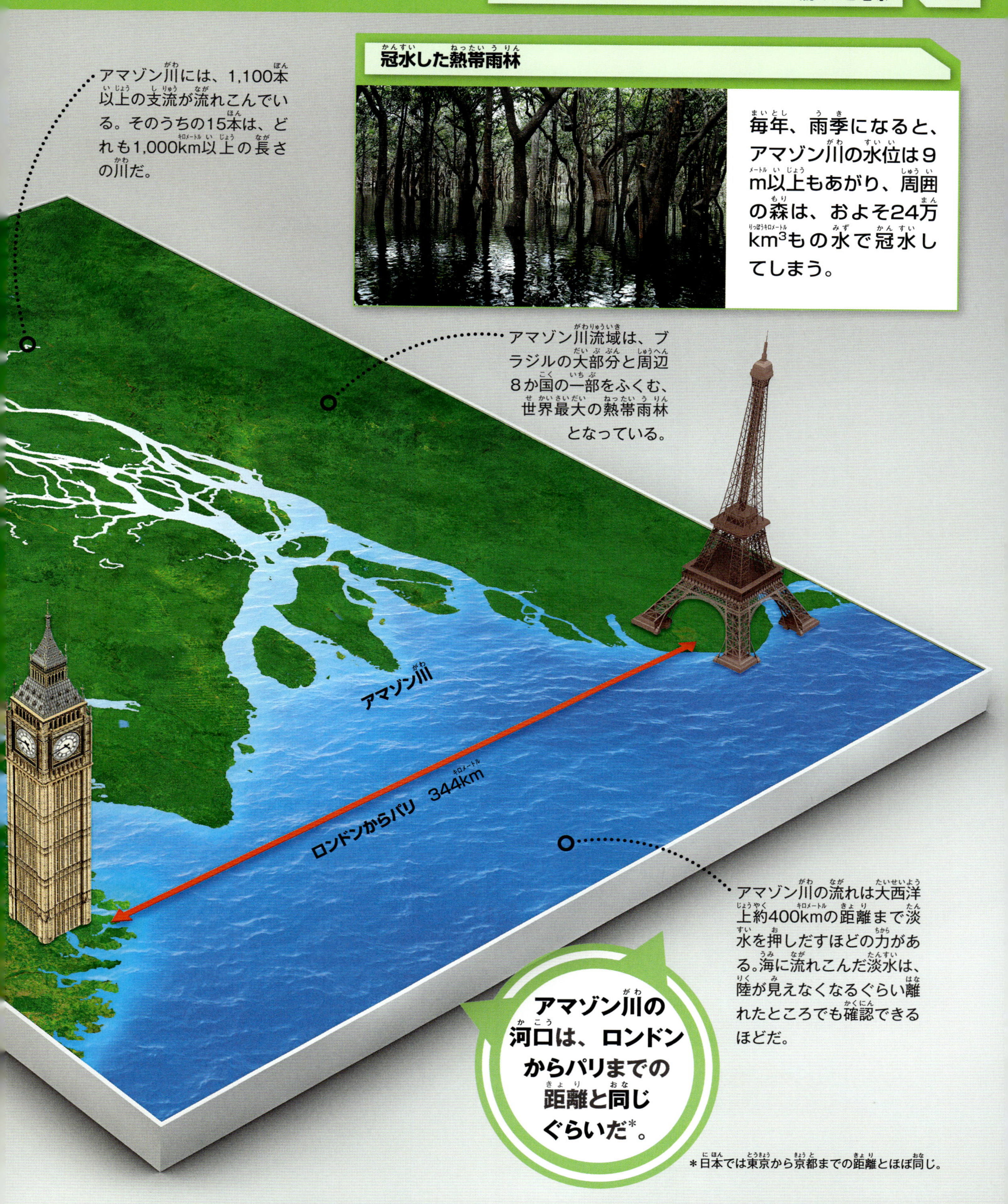
冠水した熱帯雨林
毎年、雨季になると、アマゾン川の水位は9m以上もあがり、周囲の森は、およそ24万km³もの水で冠水してしまう。
アマゾン川には、1,100本以上の支流が流れこんでいる。そのうちの15本は、どれも1,000km以上の長さの川だ。
アマゾン川流域は、ブラジルの大部分と周辺8か国の一部をふくむ、世界最大の熱帯雨林となっている。
アマゾン川
ロンドンからパリ 344km
アマゾン川の流れは大西洋上約400kmの距離まで淡水を押しだすほどの力がある。海に流れこんだ淡水は、陸が見えなくなるぐらい離れたところでも確認できるほどだ。
アマゾン川の河口は、ロンドンからパリまでの距離と同じぐらいだ*。
＊日本では東京から京都までの距離とほぼ同じ。

落差最大の滝は？

世界**最大の落差を誇る滝**は、南アメリカ大陸のベネズエラにある**エンジェル滝**で、**落差が979m**ある。現地名は「**ケレパクパイ・メルー**」。アメリカの探検飛行家、**ジェレミー・エンジェル**が、1933年に発見した。

ヴィンヌフォッセン
（ノルウェー）
865m

サザーランド滝
（ニュージーランド）
580m

サザーランド滝は、氷河によってけずられてできたフィヨルドの切り立った崖を落下している。

ヴィクトリアの滝

ヴィクトリアの滝は、水が連続して落下する範囲（幅）が世界最大である。その幅は約1.7km、高さが約108mある。

エンジェル滝は、ベネズエラのテーブルマウンテンである「テプイ」の片面を落下する滝だ。このページは、世界の滝をエンジェル滝と比べて示してある。

エンパイア・ステート・ビル（ニューヨーク）の高さは443.2m（⇒p37）。

はやわかりリファレンス

オリンピックの競泳用プール

アメリカとカナダの国境にあるナイアガラの滝は、世界最大の水量をもつ。たった1秒間に、オリンピックの競泳用プールを満たせるだけの、280万Lもの水が滝を流れ落ちる。

1901年に、アン・テイラーは樽に入って滝から落下して生きのびた最初の人となった。それ以降、滝からの落下を試みた人は14人いたが、そのうち5人は帰らぬ人となった。

エンジェル滝の高さは、エンパイア・ステート・ビルの2倍以上。

はやわかりリファレンス

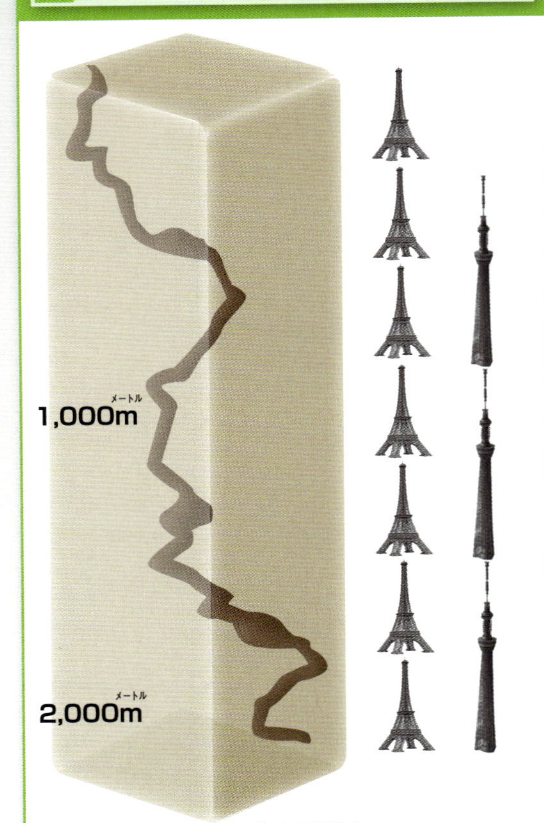

グルジアにある世界最深のクルーベラ洞窟は深さ2,197m。エッフェル塔7基を積みかさねられる深さだ。スカイツリーなら3つかさねてまだ余る。

全長9kmの洞窟の入口から2.5kmのところに地下河川が流れている。洞窟には150以上の部屋があると考えられている。

最大の洞窟は？

ベトナムのジャングルの奥深くに、**世界最大**の**ソンドン**洞窟がある。その高さは、ところどころで**200mをこえる**ほどだ。

ソンドン洞窟は、深いジャングルにおおわれていたため、1991年まで発見されなかった。洞窟は200～500万年前、地下河川が石灰岩を浸食してできた。石灰岩が弱くなったところでは、天井がくずれて巨大な穴があいている。

石筍*

写真は「イヌの手」とよばれる石筍。中央に立つ人間が非常に小さく見えるほど大きい。

＊石灰岩の洞窟で石灰をふくんだしずくが落ちてきて，床や壁に柱のようにかたまり、タケノコのように上へのびた堆積物。

これはエベレスト山の高所の斜面。絵からはわからないが、周囲には深い谷がある。

山の高さはふつう海抜(海面からの高さ)で表す。同じ海面に世界の高い山をならべることができたら、このようになる。

エベレスト山は世界最高のブルジュ・ハリファの10倍以上。スカイツリーの約14倍。

エベレスト山
(ネパール)
8,848m

アコンカグア山
(アルゼンチン)
6,961m

マッキンリー山
(アメリカ合衆国)
6,194m

キリマンジャロ山
(タンザニア)
5,895m

ブルジュ・ハリファ
(ドバイ)
828m

海面

成長しつづけている

エベレスト山は2つの地殻のプレートがぶつかりあうことによってできたが、いまもなお押しあっているため、山は毎年およそ5mmずつ成長している。

エベレスト山の高さは？

世界最高峰エベレスト山の頂上は、海抜8,848mの高さにある。

エルブルス山（ロシア）
5,642m

ビンソン・マシフ（南極大陸）
4,892m

ウィルヘルム山（パプアニューギニア）
4,509m

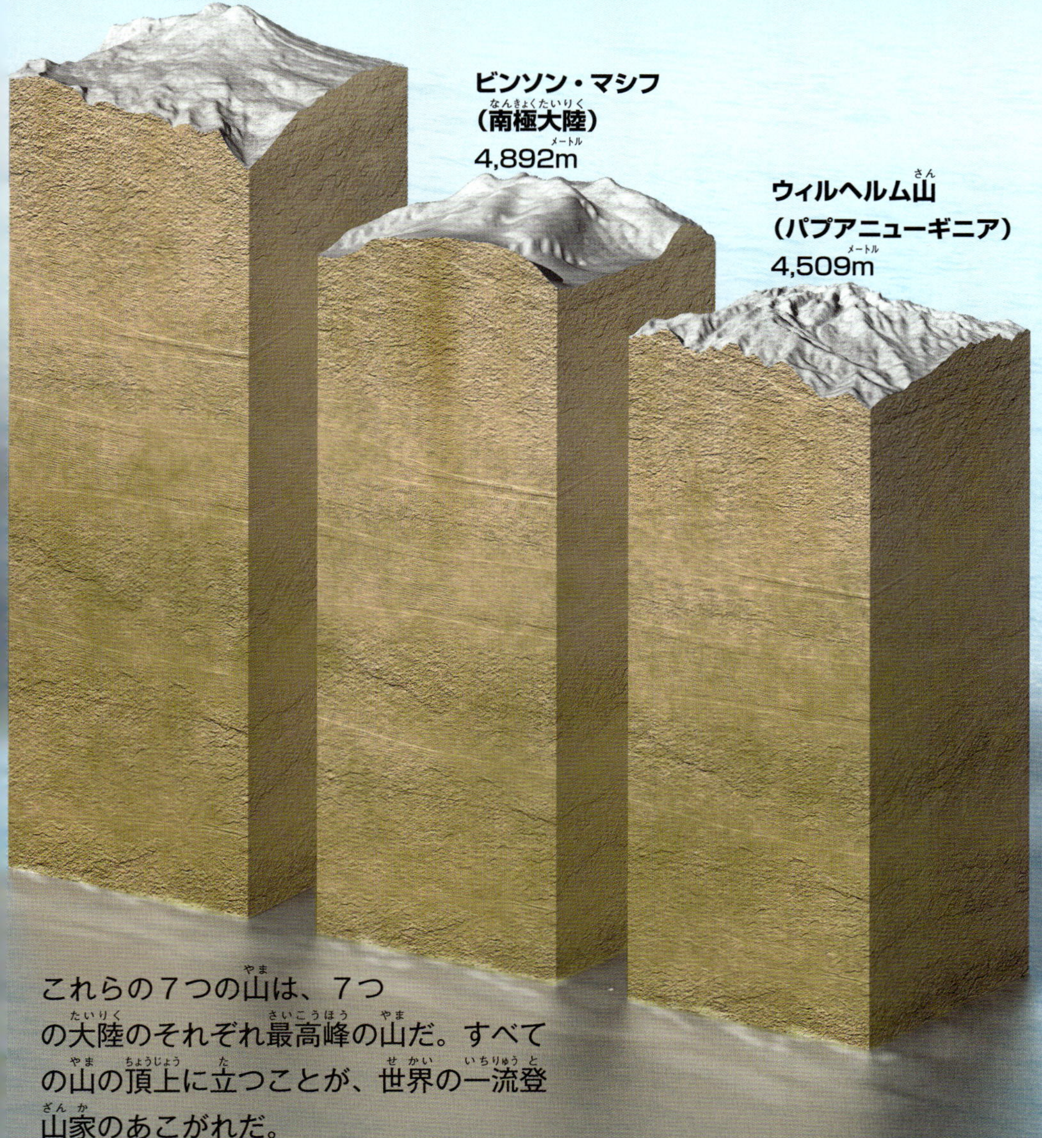

これらの７つの山は、７つの大陸のそれぞれ最高峰の山だ。すべての山の頂上に立つことが、世界の一流登山家のあこがれだ。

はやわかりリファレンス

オリンポス山

マウナ・ケア山　**エベレスト山**

エベレスト山は地球最高の山ではない。海底から測った場合の山の高さなら、ハワイのマウナ・ケア山が最高。火星にあるオリンポス山はそれらよりも高い。オリンポス山の高さは、実に2万2,000mもある。

最も高くまで飛んだ鳥
マダラハゲワシ　1万m

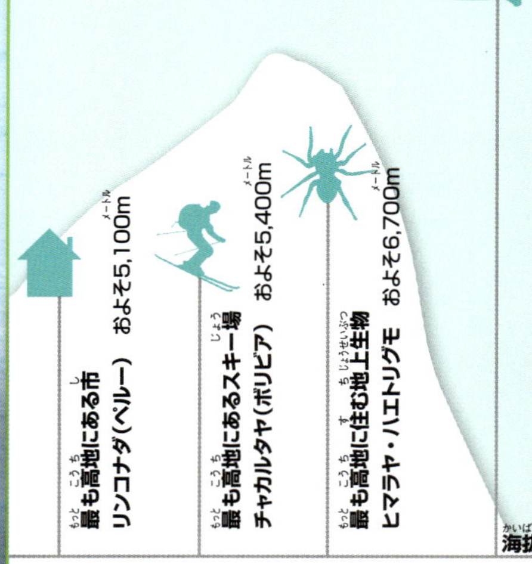

エベレスト山に住む小さなハエトリグモは、最も高地に住む地上生物だと考えられている。アフリカでは、マダラハゲワシがさらに高いところを飛ぶ。

はやわかりリファレンス

世界最大のサハラ砂漠は熱帯の高温砂漠。面積はアメリカ合衆国とほぼ同じ。カラハリ砂漠とゴビ砂漠のように赤道からかなり離れたところにある砂漠は冬は寒く、かなり冷えこむこともある。

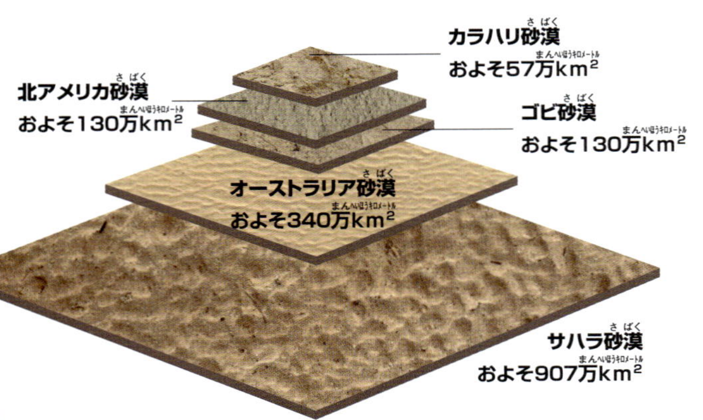

アラビア半島の中央には、世界最大級のルブアルハリ砂漠（約65万 km²）がある。フランスの国がほぼすっぽり入るぐらいの広さだ。

砂丘の高さは？

高さ500m近くになる砂丘がある。まれに**1,200mの高さにまで成長する**こともある。

サハラ砂漠では、何世紀にもわたって、いちばんの移動手段はラクダだった。いまでも、砂漠をこえて物資を運ぶラクダの隊列がときどき見られる。

火星の砂丘

火星の北極近くには、寒い時期に凍ってしまう二酸化炭素でおおわれたピンク色の砂丘地帯がある。ここは温度が上がってくると、二酸化炭素がとけて、黒い砂が現れる。

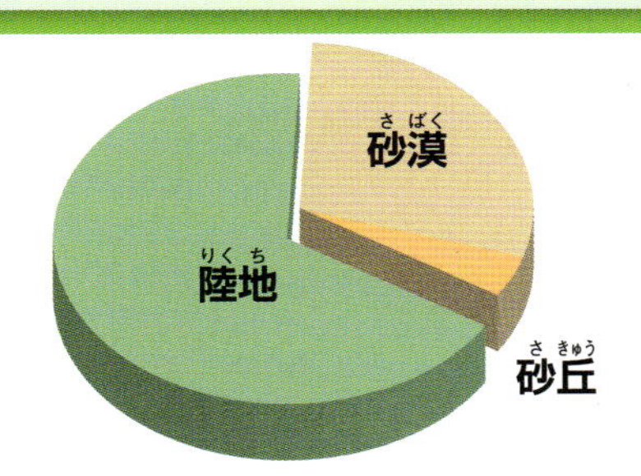

陸地の３分の１は砂漠。そのほとんどは一面平らに砂や石、岩が広がっている。砂丘ができる砂漠は多くはない。

四方八方からふいてくる風が砂をふきあげ、砂が中心に高く積みあげられて砂丘のてっぺんをつくる。

荷を積んだラクダ隊はサハラ砂漠の貿易商人。

サハラ砂漠の巨大な砂丘には、エッフェル塔がすっぽりうまってしまう。

このピラミッドの形をしたサハラ砂漠の砂丘は、高さが500m近くに達したもの。砂丘は、風の方向が一定でない地域でできる。

ダスト・デビルとは、太陽の熱で温められたちりがつむじ風になったもの。上昇して冷たい空気に触れると、くるくる回りはじめる。

エッフェル塔
324m

ギザの大ピラミッドの
現在の高さ 約138.7m
（もとの高さは約146.6m）

クラカタウ火山はどれだけ強力だったか？

1883年、インドネシアのクラカタウ火山が爆発した。その爆発力は**200メガtのTNT火薬**[*1]、または、**核兵器何個分か**の破壊力に匹敵する。

＊1　1メガt＝100万t。200メガtのTNT火薬は広島型原子爆弾（約15kt）の約1万3,000倍の威力。

火山灰のなかの稲光

火山の爆発で生じる火山灰にふくまれる電気によって、稲光が発生することがある。この写真は、2010年にアイスランドのエイヤフィヤトラヨークトルが爆発したときのもの。

クラカタウ火山の爆発の噴煙は、地上80kmの高さにまで達した。

クラカタウ火山の爆発力は、人類がこれまでに爆発させた最大の核兵器、ツァーリ・ボンバの4倍も強力だった。

ツァーリ・ボンバ*2の爆発で生じたキノコ雲は、地上65kmの高さにまで達した。1961年に、旧ソ連(現在のロシア)がシベリアの離島でおこなった水爆の実験による。

*2 旧ソ連がつくった水素爆弾の俗称。

クラカタウの爆発は、史上最大の火山爆発だった。それによってクラカタウ島の3分の1がふき飛び、3万6,000人もが死亡した。4,500km離れた場所でも爆発音が聞こえたという。

はやわかりリファレンス

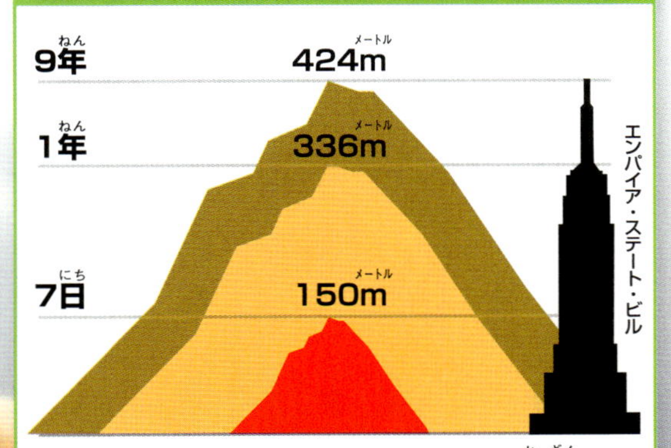

メキシコのパリクティンにある火山は、1943年にトウモロコシ畑が突然噴火してできたもの。1週間で高さ150mにまで成長し、その後も9年にわたって、爆発と成長をつづけた。

アメリカのイエローストーンでは、210万年前に超巨大な噴火があった。クラカタウ火山の約135倍、セント・ヘレンズ火山の2,500倍もの量の火山灰をふらした。

イエローストーンのアイランドパーク・カルデラ*3は、火山の爆発でできた巨大なカルデラで、東京ぐらいの規模の都市がすっぽりおさまってしまう。

*3 火山の活動によってできた大きなくぼ地。

地球最大のクレーターは?

小惑星や**彗星**などの衝突により、**地球**にも月のような**クレーター**ができている。**世界最大**のものはアフリカにある**フレデフォート・ドーム**で直径が約**190km**。

フレデフォート・ドームには、バリンジャー・クレーターが250個入る。

アメリカ合衆国のアリゾナ州にあるバリンジャー・クレーターは、5万年ほど前にできた衝突クレーター。形がはっきり残っている。

地球の歴史のなかで、小惑星や彗星は数えきれないほど地球に衝突したが、長い歴史のなかでくずれたり地面の下にうまったりしてしまい、はっきり形が見られるクレーターは、現在ではほとんどない。

はやわかりリファレンス

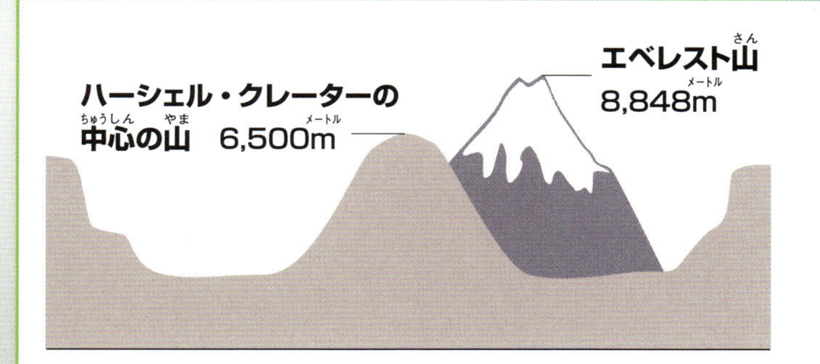

土星の月（衛星）・ミマスにはハーシェルというクレーターがある。エベレスト山より少し低い中心の山は、衝突の衝撃波によってできたといわれる。

火星には、小惑星の衝突によってできた地形のうち最大と考えられるボレアリス盆地がある。その盆地は火星の北半球のほとんどを占めるほどで、アメリカの５倍ほどの面積となっている。これは、冥王星（プルート）ほどの大きさの小惑星が衝突したものだと考えられている。

アメリカ

ボレアリス盆地

バリンジャー・クレーターの直径は約1.2km。

メキシコにあるチクシュルーブ･クレーターの直径は、約160km。6,500万年前に直径10kmほどの物体が衝突してできた。このときの衝撃が原因で、恐竜が死滅したのではないかと考えられている。そのクレーターは、現在半分が地下にうまり、半分は海の底にある。

フレデフォート・ドームは、約20億年前にできたクレーターだ。長い年月、風雨や川の流れでけずられたり、地球の地殻変動によって曲げられたり、破壊されたりしてきた。

最大の隕石（⇒p16）

アフリカ・ナミビアのホバ隕石は、史上最大で、最大幅が約2.7m、厚さ約0.9m。1920年にはおよそ66tの重さがあったが、浸食や調査のため現在は60tほどになっている。

最大の結晶は？

メキシコの洞窟で発見されたセレナイト（透明石膏）の結晶は、最大のもので長さ11.4m、直径4m、重さ55tもあった。

メキシコ・チワワ州ナイカ鉱山の地下300mにあるセレナイトの結晶の洞窟は、温度は48℃、湿度が98%にものぼるため、特別な防護服を着なければなかに入れない。

はやわかりリファレンス

ナイカ鉱山で発見された最長の水晶（クリスタル・シン）の長さは観光バスほどもあり、重さはアフリカゾウ8頭分ほどだった。

クリスタル・シン

長さ　11.4m

観光バス

この鉱山の最古の結晶は、60万年前のものと考えられている。現代人の祖先であるホモ・ハイデルベルゲンシスが最初に現れたころだ。

現代

60万年前

巨大なセレナイトの結晶がねむっているナイカ鉱山の地下空洞は、50万年もの間、熱水で満たされ、その熱で水中の鉱物成分が結晶し、熱水のなかで成長したと考えられている。

フィンガルの洞窟

スコットランド・ヘブリディーズ諸島沖の無人島にあるフィンガルの洞窟には、全体に高さ20m以上の六角柱状の柱状節理が玄武岩のなかに形成されている。これは古代に溶岩が冷やされ、ひびわれてできあがったと考えられている。

最大の結晶は人間の身長の6倍以上もある。

水はどれだけあるか？

地球上には、海、川、湖、地下水、雲、そして氷河と氷床（北極、南極にある氷）をふくめ、約14億km³の水があると推定されている。

世界中の水を1つに集めると、直径が1,384kmの水の球になる。

氷床と氷河

真水は、地球全体の水の2.5％しかなく、そのほとんどが氷河と氷床にとじこめられている。それをのぞくと、液体の真水は1％にも満たない。

この絵は、海盆*から水をすべて取りのぞいた状態を表している。世界の水の97％近くは海水。ついで、水の貯蔵庫となっているのが、氷床と氷河で、全体の1.75％である。

*大陸や海嶺などに囲まれた海底の大きなくぼみのこと。

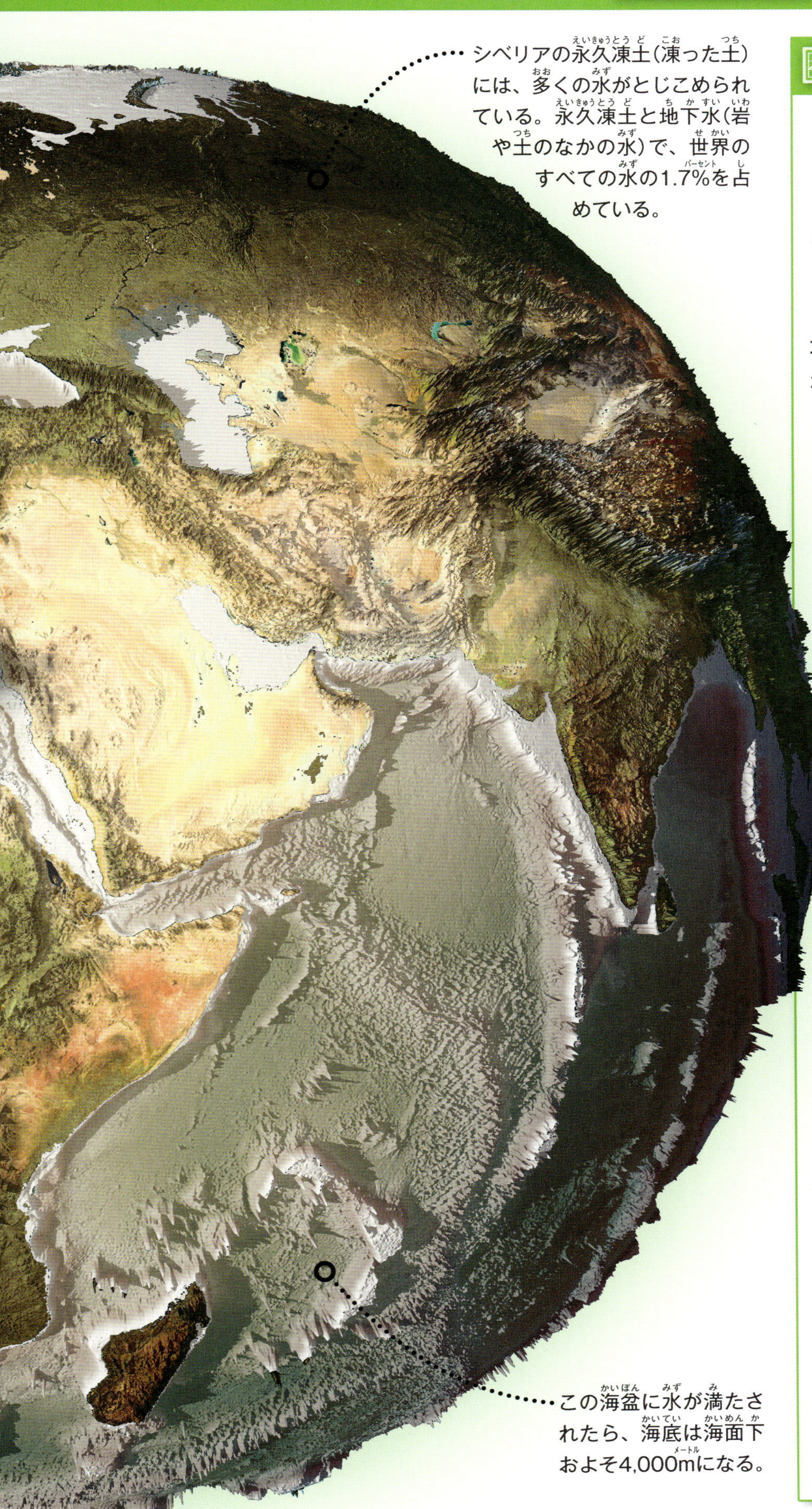

シベリアの永久凍土（凍った土）には、多くの水がとじこめられている。永久凍土と地下水（岩や土のなかの水）で、世界のすべての水の1.7%を占めている。

この海盆に水が満たされたら、海底は海面下およそ4,000mになる。

はやわかりリファレンス

地球の表面の３分の２以上が水でおおわれ、陸地は29%しかない。

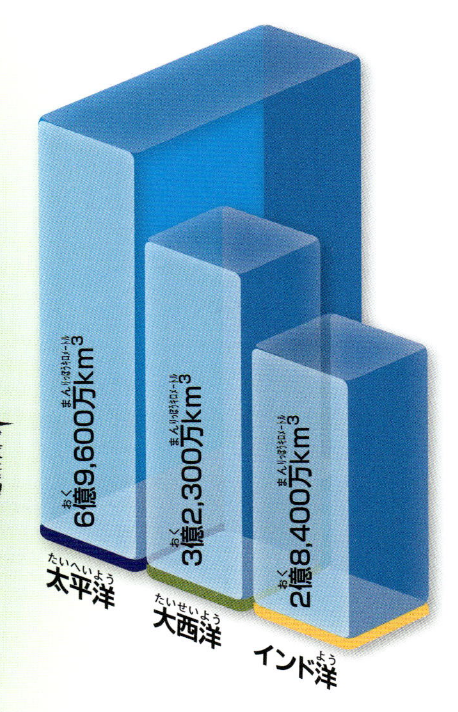

太平洋にはほかのすべての海の水を集めたより多くの水がある。

地球上の海水の量が浴槽１杯分だとしたら、湖や川、そして大気に存在する真水は、ティースプーン４杯分だけだ。

海の深さは？

大陸棚は、深海の周縁にある浅い海底のこと。実際は大陸の一部であり、海岸から数百kmの地点にまでおよぶことがある。

海の**平均水深**は4,300mだが、**最深地点**は、太平洋の**チャレンジャー海淵**の海面下**1万911m**である。

チャレンジャー海淵は、スカイツリーを約17基重ねた深さだ。エンパイア・ステート・ビル（最上階まで）なら約29棟。

深海の幽霊魚

デメニギスは、幽霊魚ともよばれ、まっくらな深海に住む、めずらしい生物の1つだ。海面下600～800mにすみ、透明な頭部から両眼を望遠鏡のように突きだしている。

海底は平らではない。海岸線からのびる大陸棚はゆるやかに下降をはじめ、大陸斜面で急に落下し、海底平原ともよばれる深海の大洋底に達する。海底には、海嶺*1と、西太平洋のマリアナ海溝*2に代表される海溝が存在する。チャレンジャー海淵もそこに位置する。

チャレンジャー海淵の深さは、最新の調査で、水面下1万911mと計測された。

*1 大規模な海底山脈のこと。
*2 海底が細長く溝のように深くなっているところ。そのなかでもとくに深くくぼんだところが海淵。

はやわかりリファレンス

人類は、海洋の10%未満を探査しただけだ。宇宙に飛びだした人数より、深海を探査した人数のほうが少ない。

マリアナ海溝の深さは1万m以上におよぶ。海溝の底にエベレスト山を置いても、頂上はまだ海面の下1,000m以下のところだ。

もしプラスチックのカップを海面下3,000mに沈めたら、水圧で元の大きさの半分以下に押しつぶされてしまう。

どれだけ高い波？

2013年、アメリカのプロサーファー、**ギャレット・マクナマラ**は、ポルトガルのナザレ沖合で**高さ23.8mの大波**のサーフィンに成功した。

はやわかりリファレンス

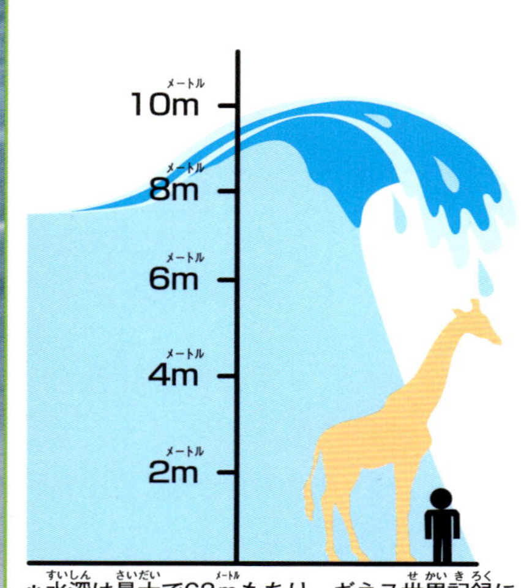

津波は、海底の地震や地すべりなどによって生じ、高さは10m以下が多いが、次から次にやってくると、陸地の奥まで水が押しよせる。2011年3月11日に日本の東北地方を襲った津波は、海面から6mもある防波堤*をこえ、それを580mにわたって破壊した。

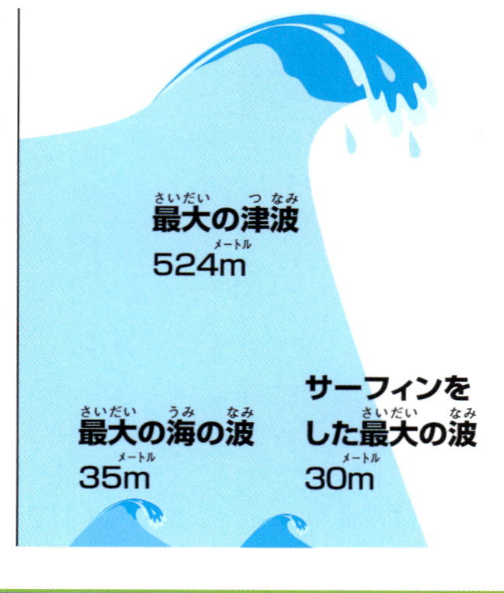

1958年7月9日、アメリカ合衆国アラスカ州のリツヤ湾で、湾の斜面が地震によって崩落し、海中になだれこんだ土砂や氷塊で大波が発生。それが対岸へ524mという高さの波となって押しよせた。これが観測史上最大のリツヤ湾大津波だ。

＊水深は最大で63mもあり、ギネス世界記録に「世界最深の防波堤」と認定された。

波がしらがほぼ垂直に立ち上がり、次に「チューブ」とよばれる円筒をつくる。サーファーはチューブのなかにできるだけとどまって、最後にくだけるチューブをぬけだす。

23.8mの高さの波は、13人の人がたてにならんだ高さとほぼ同じだ。

サーフボードにはいろいろな大きさがある。この競技会用のボードは、長さ2.1m。

津波の被害

津波の力は強烈だ。進む方向にあるものすべてを破壊し、のみこんでしまう。大きな船でさえ、海岸から数kmの内陸までゆうゆう運んでしまうこともある。

ナザレの記録的な波は、大西洋のはるか遠くで発生した嵐で生じた巨大なうねりによるもの。そのうねった波のエネルギーが、海底の峡谷によって1か所に集中し、せまい海岸に向かって超巨大な波となった。

最大の氷山は？

1956年に**南極**の棚氷からはなれて海に浮かんだ氷山が、**これまでの最大**といわれ、**幅が335km**、**奥行きは100km**におよんだ。

最大の氷山の面積は３万1,000km^{2}で、ベルギーよりわずかに大きかった（実際にベルギーの国の形をしていたわけではない）。また、それは2000年に南極のロス棚氷が分離し、ジャマイカの国の大きさほどになった氷山B-15と比べてもずっと大きかった。

氷山の一角

氷山は、高さのおよそ90％が水面下にある。水中の氷は、水上の部分よりはやくとけるため、氷山は突然ひっくり返ることがある。そのときに生じる大きな音は、何kmも離れていても聞こえるほどだ。

史上最大の氷山の面積は、ベルギーの面積よりも広かった。

ベルギーの面積は3万528km²で、九州(3万5,640km²)より少し小さいぐらい。

この絵の氷山の高さは大げさに見えるが、海面上の高さは150mに達する。

はやわかりリファレンス

氷河は1日平均わずか30cmほどと、とてもゆっくり進む氷の河だ。カタツムリでも、動き続ければ、この距離だと3分30秒しかかからない。

最後の氷河期には、地球の30%以上が氷におおわれていたと推測されている。それ以降、60%近くがとけてしまい、現在では、高い山の上か、北極と南極にある氷床にしか残っていない。

これまでの最高の氷山は、1957年にグリーンランドの近くで目撃されたもの。海面上に浮かぶ高さは、ギザの大ピラミッド(⇒p52)よりも高く、水面下は1,500mにまで達していたと推測されている。

すべての氷がとけたら？

地球の陸地の**10%**は厚い**氷河**と**氷床**(⇒p60)でおおわれている。それが全部とけてしまったら、**海面**は**70m**上昇すると推定されている。すると、**世界のおもな都市**はみな**海に沈む**ことになる。

氷河は縮んでいる

非常にゆっくりと進む大きな氷河は、降った雪が長い年月をかけて固まったもの。氷河は、春になっても雪がとけずに残る高い山岳地帯などにできる。北極圏の一部の氷河は海に落ちるが、その範囲は近年かなり小さくなってきた。1941年から2004年の間にアラスカのミューア氷河は12km後退し、そこへ海水が入りこんできた(右の写真)。

海岸沿いの低地にある都市は海面の上昇で壊滅する。ニューヨークのマンハッタンも、完全に海にのみこまれてしまう。

世界の氷がとけたら、自由の女神は腰の位置まで水につかるだろう。

はやわかりリファレンス

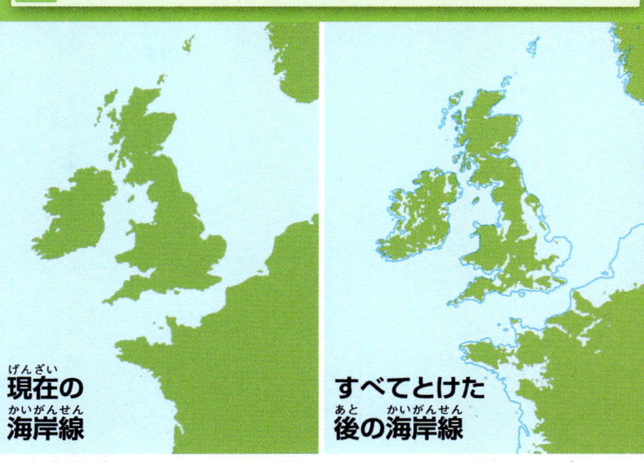

地球上のすべての氷がとけたら、多くの国で海岸線が大きく変化する。イギリスとアイルランドは小さな島の集まりになってしまう。バングラデシュやオランダのような低地にある国は、消えてしまう。

南極大陸をおおう氷は非常に厚く、平均で2,000m近くになるといわれている。これは、エッフェル塔を6基かさねたほどの高さと同じ。スカイツリーなら3基だ。平均の2倍以上の5,000m近くに達することもある。

地球のデータ

最長の川

川	大陸	長さ
ナイル	アフリカ	6,670km
アマゾン	南アメリカ	6,404km
揚子江	アジア	6,378km
ミシシッピ・ミズーリ	北アメリカ	6,021km
エニセイ・アンガラ	アジア	5,540km

流量

世界最長の川はナイル川だが、流域が最大の川はアマゾン川だ。大西洋への河口地点では、2位から5位までの川をあわせたより多くの水が運ばれている。

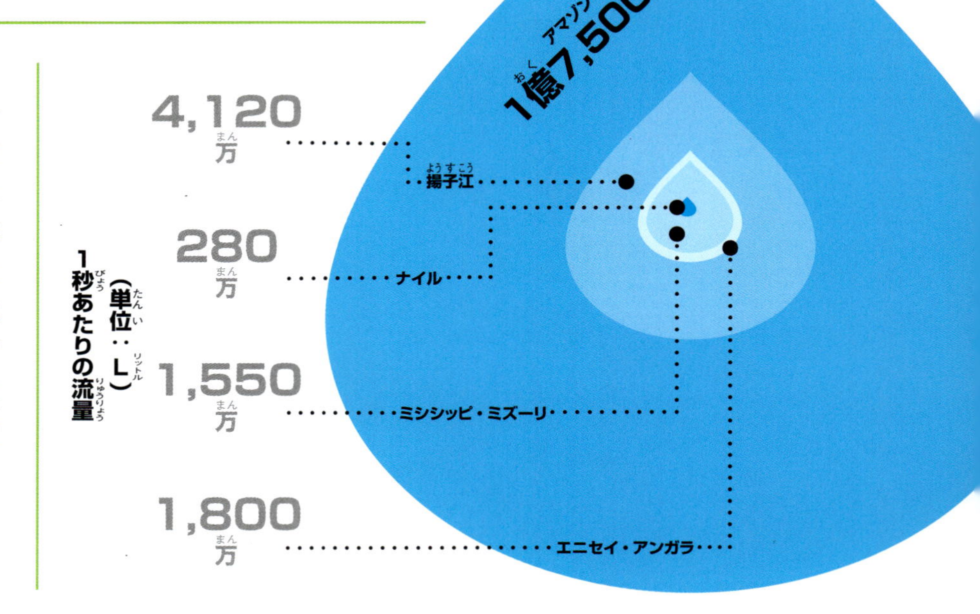

動く大陸が

地球の地殻は何枚かの巨大なプレートで構成されている。プレートは、非常にゆっくりだが、つねに動いている。およそ2億年前、すべての大陸はパンゲアとよばれる1つの巨大な大陸だった。プレートの動きによって大陸は少しずつ分裂し、現在の地球のようになった。

高山

海抜8,000m以上の山は、全部で14峰。そのすべてが、インド亜大陸がアジア大陸にぶつかっている地域にそびえている。1986年、登山家のラインホルト・メスナーがはじめて14峰すべての登頂に成功した。

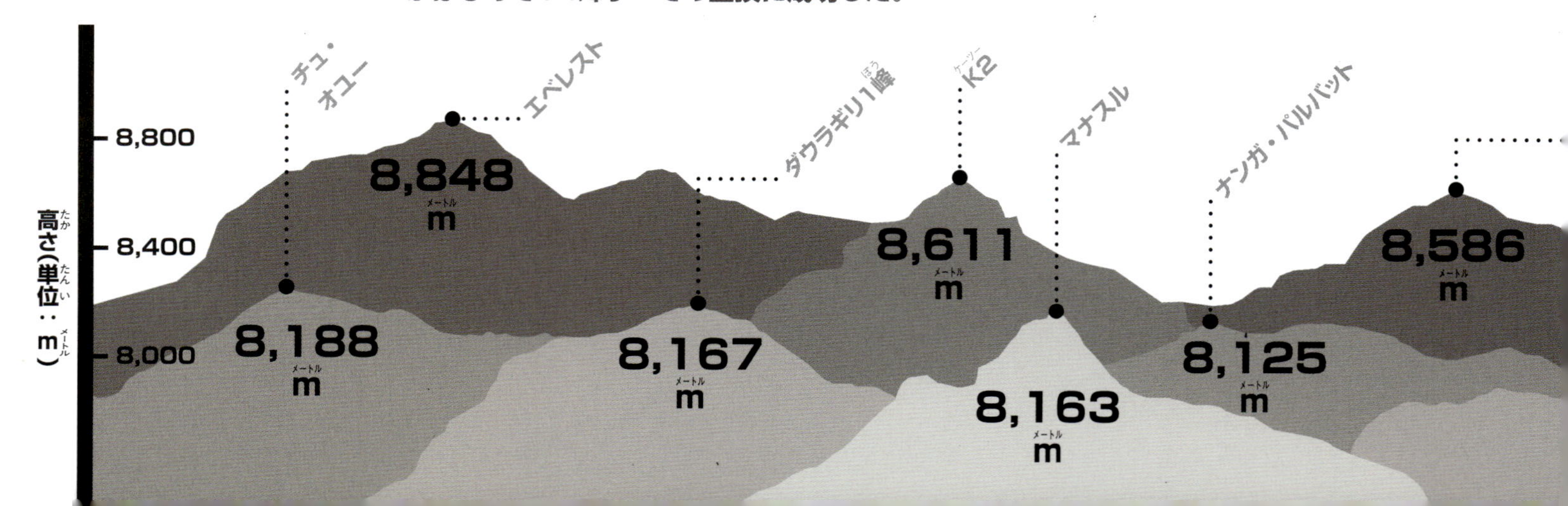

地球の内部

地球はいくつかの層からできている。地下深く行けば行くほど**高温**になる。地球の**表層部**(地殻)の厚さは、**地球全体のほんの0.4％**にすぎない。

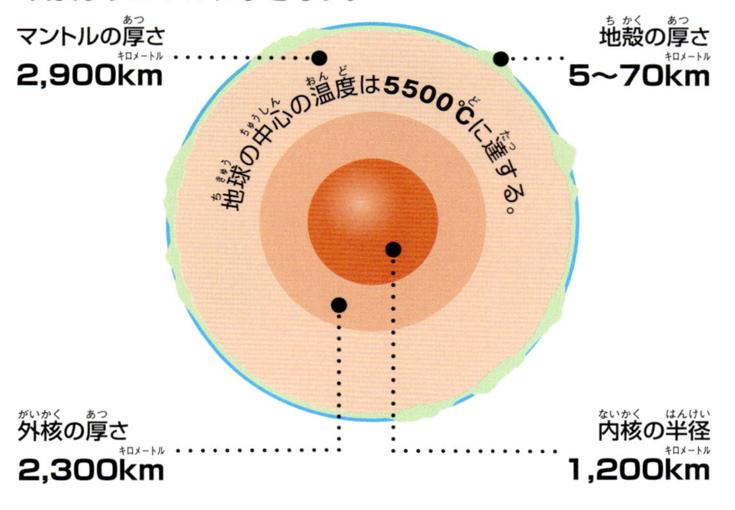

最も強力な地震

場所	日付	マグニチュード
チリ	1960年 5月22日	9.5
インド洋スマトラ沖	2004年12月26日	9.1-9.3
アラスカ州プリンス・ウィリアム湾	1964年 3月28日	9.2
日本三陸沖	2011年 3月11日	9.0
カムチャツカ半島	1952年11月 4日	9.0

最大の溶岩流(トップ5)

右の絵は、それぞれの火山の爆発によって**溶岩**がどれだけ生じたかと、何年前におこったかを示している。

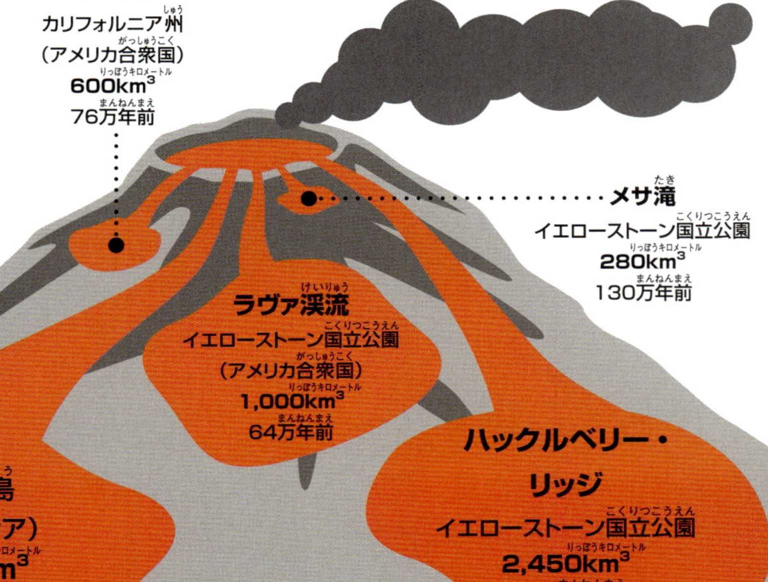

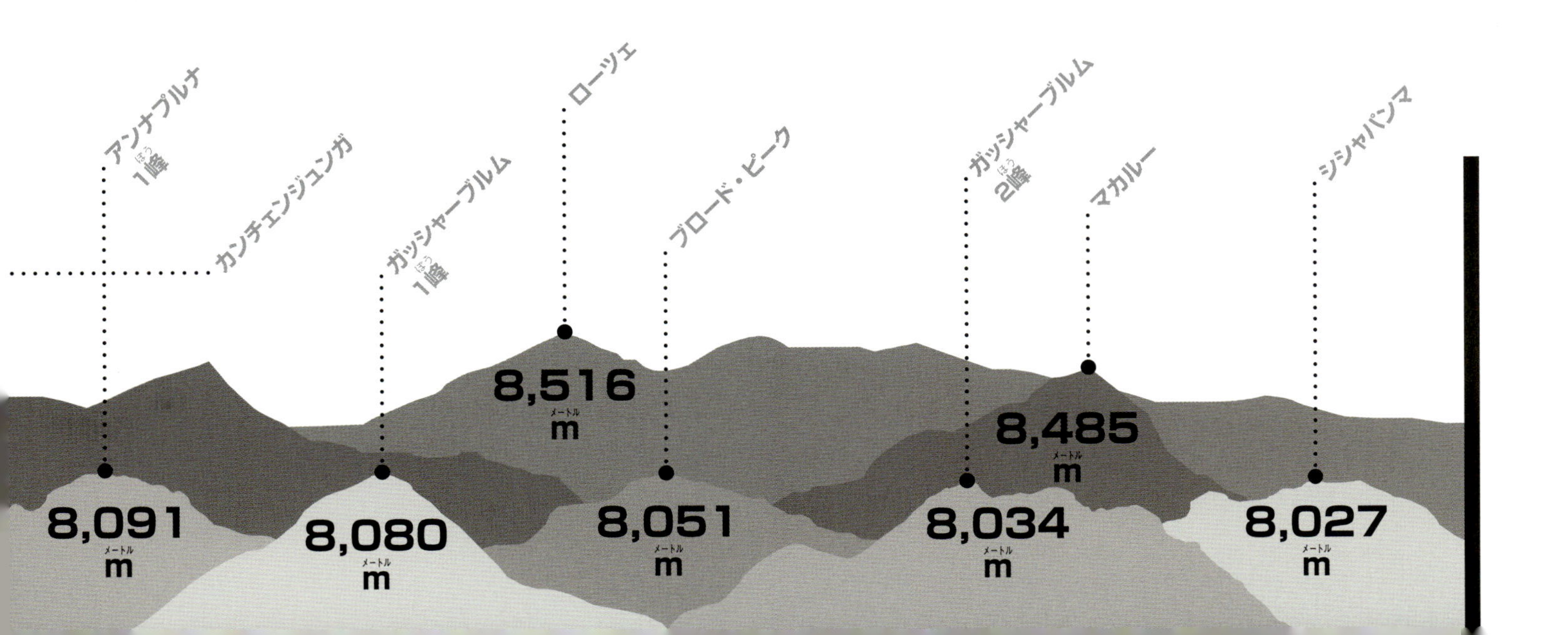

世界でいちばん雪深い場所は？

1年間の**降雪記録**は**29.86m**。アメリカ・ワシントン州の**ベーカー山スキー場**で**1998年**～**1999年**のシーズンに測定された。

ベーカー山の雪の記録は、ピサの斜塔の半分以上をうめてしまうほどだ。

ものすごい雪

富山県の立山黒部アルペンルートは、冬の期間は通行止め。春になり掘削機が雪を20m近くほると、下の道路が現れる。雪壁の高さは10階建てビルに相当する*1。

*1 雪の多かった2013年は18m、少雪の2007年は14mの高さだった。

ピサの斜塔の高さは55m。

雪のかたまりは水よりはるかに密度が低い。高さ30mの雪でも、とかしてみると2.5mの深さの水にしかならない。ある時間内にふった雨が地表の水平な平面上にたまったときの水の深さを降雨量といい、雨のほか雪やひょうなど固形の降水をとかした水をあわせたものを降水量という(単位はmmで表す)。

1か月間で最高に雪がふったのは、アメリカ・カリフォルニア州タマラックで積雪は11.4m。

ニューヨーク市では毎年平均68cmの雪がふる。

はやわかりリファレンス

水の量でいえば、降雪記録とくらべ、降雨量のほうがはるかに多い。

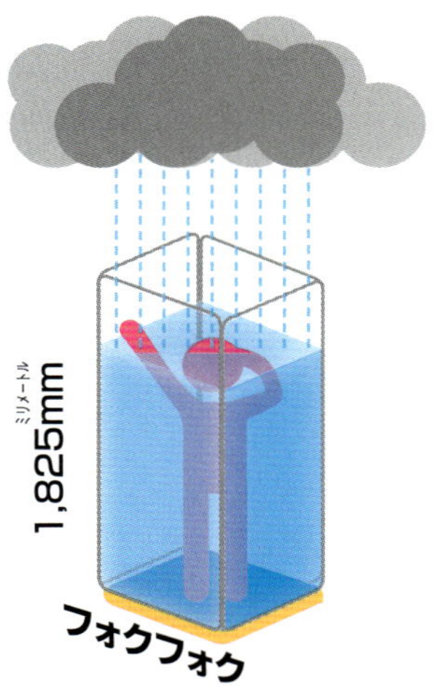

1日の最多降雨量は、1966年1月にレユニオン島*2のフォクフォクという場所で1,825mmという記録がある。

*2 マダガスカル島沖合にある、フランス海外領の島。

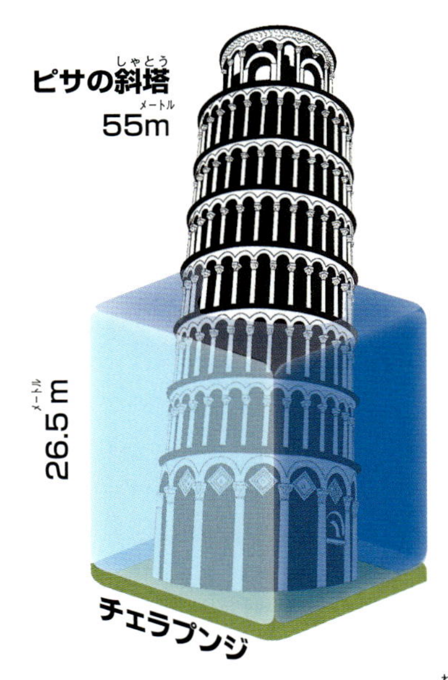

インドのチェラプンジは、1860年～1861年に1年間の最多降水量、26.5m(2万6,500mm)を記録した。ピサの斜塔がほとんど半分まで水につかってしまう降水量だ。

最大のひょうの大きさは？

史上最大のひょうはアメリカ・**サウスダコタ州ビビアン**で、**2010年7月23日**の嵐でふった直径**20cm**のものだった。

ひょうの断面

写真は、ひょうを半分にわったもの。氷が層になっているのがわかる。ひょうは、嵐のなかで、氷つぶがくりかえし上空にふき上げられて冷やされ、そのたびに表面の水分が凍って新しい層に成長する。

この絵のような形の巨大なひょうは、激しい雷雨や竜巻などのとき、雲のなかの強力な上昇気流によってできる。巨大なひょうが重くなって地面に落ちると、自動車をへこませたり、フロントガラスをわったり、農作物に被害をおよぼしたり、動物を傷つけたりする。

サウスダコタ州のひょうは、テニスボールのおよそ3倍もあった。

はやわかりリファレンス

ひょうは、稲光が発生する巨大な積乱雲のなかでできることが多い。

雲の最高部
1万2,000m

エベレスト山
8,848m

雲底
2,000m

積乱雲として知られる雲は、いちばん高くまで発達する雲だ。ときには最高部が1万2,000m以上の高さになることもある。これは世界最高のエベレスト山の1.5倍ほどだ。太い柱のような形でてっぺんは平らになる。

稲光の温度は2～3万℃に達することもある。太陽の表面温度(約5,600℃)の5倍以上にもなる。

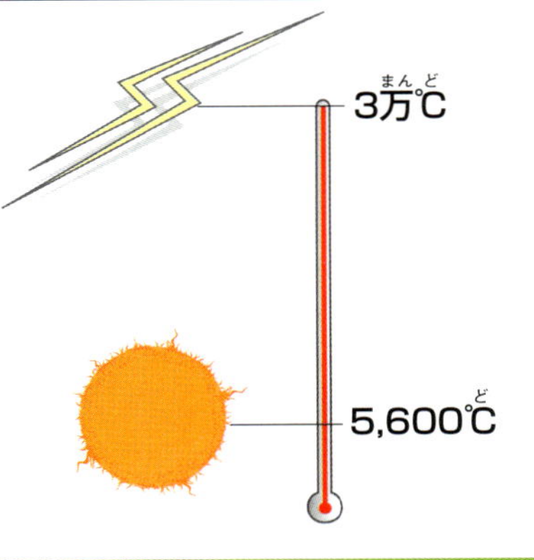

ひょうの一面にあるこぶは、小さなひょうがぶつかってつくられたもの。

最大のひょうの記録は、直径20cm、重さ1kg。

テニスボールは直径6.7cm。

気象のデータ

暑さと寒さ

地表の最高気温(日陰)は、1913年にアメリカ・カリフォルニア州デスバレーで記録された**56.6℃**で、最低気温は、1983年の南極大陸のボストーク基地の**−89.2℃**となっている。(2012年現在)

雲の量

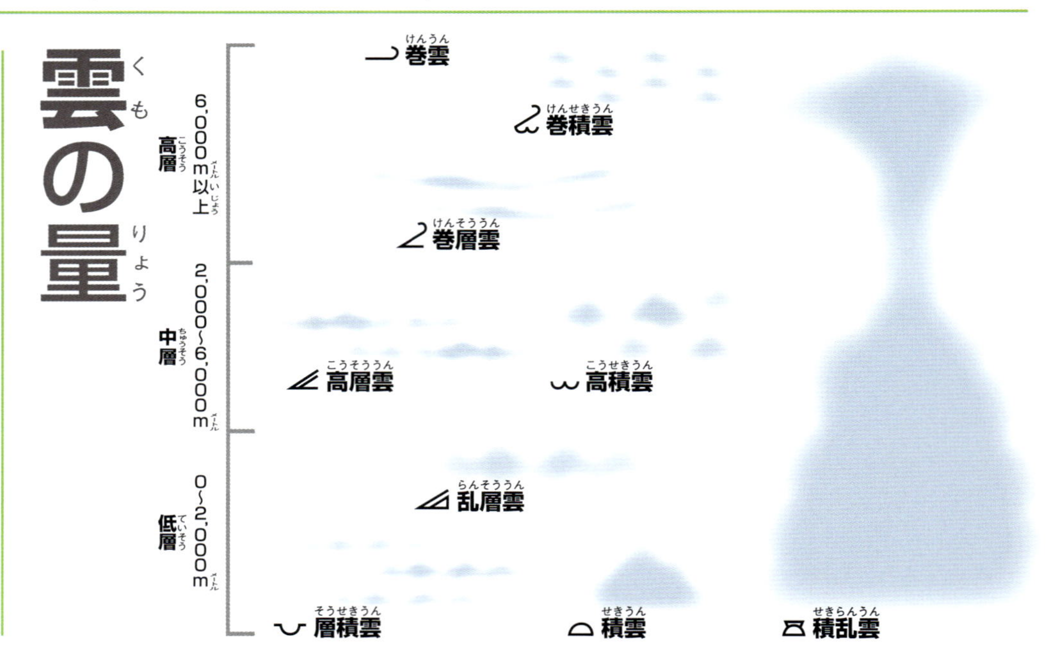

大気圏

地球の周囲は大気圏とよばれる空気の層になっている。地球の大気圏は5つの層にわかれている。

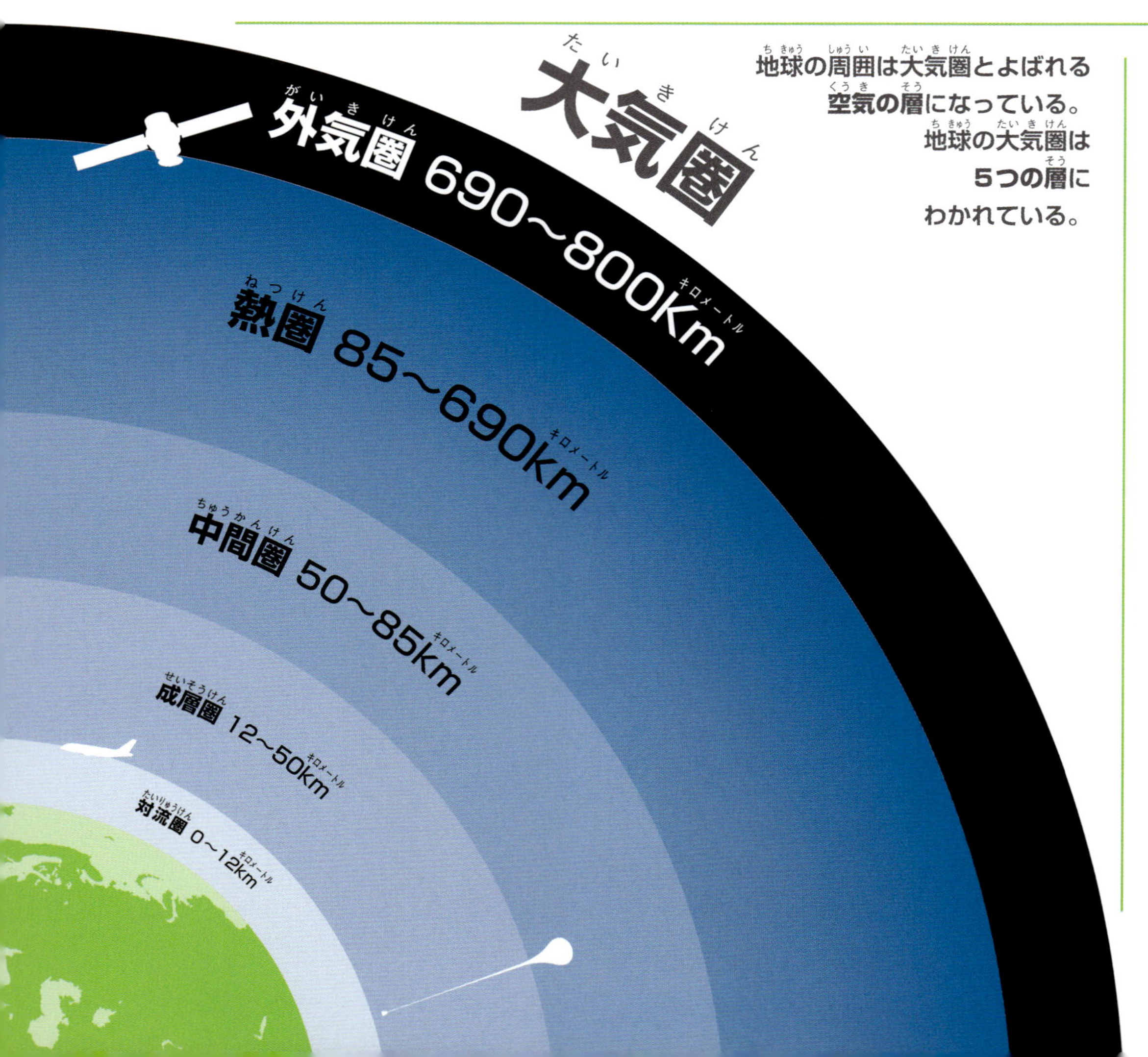

降雨量

最も雨が多い場所は、北インドのマウシンラムで、年平均**1万1,870mm**の雨がふる。

雨の日が最も多いのは、ハワイ・カウアイ島のワイアレアレで、1年のうち**350日**雨がふる。雨がふらないのは平均して月に**1日**だけ。

雨がふり続いた最長記録は**247日間**。ハワイ・オアフ島のカネオヘ牧場で、1993年8月27日から1994年4月30日まで続いた。

風の日

イギリスの海軍提督フランシス・ボーフォートが1806年に提唱した「ボーフォート風力階級」は、風の強さを風速によって右のようにわけて示している。

風力階級	風速(秒速)	陸上のようす
0	0	煙はまっすぐのぼる。
1	0.3～1.5m	煙は風向きがわかる程度にたなびく。
2	1.6～3.3m	木の葉がゆれる。
3	3.4～5.4m	小枝がゆれる。
4	5.5～7.9m	小さなゴミや落ち葉が宙にまう。
5	8.0～10.7m	低木がゆれはじめる。
6	10.8～13.8m	傘がさしにくくなる。
7	13.9～17.1m	大きな木の全体がゆれる。
8	17.2～20.7m	風に向かって歩けない。
9	20.8～24.4m	屋根瓦が飛ぶ。
10	24.5～28.4m	根こそぎたおされる木がではじめる。
11	28.5～32.6m	人家などに広い範囲の被害がでる。
12	32.7m～	建物がたおされる。甚大な被害。

竜巻

地表の風なかでは、竜巻が最強だ。風速の記録としては、秒速140m以上(時速約500km)がある。しかも竜巻は、最高時速100km以上の速度で進むので逃げることが難しい。なお、竜巻の強度を分類する「藤田スケール」は、藤田哲也博士により提唱されたもの。

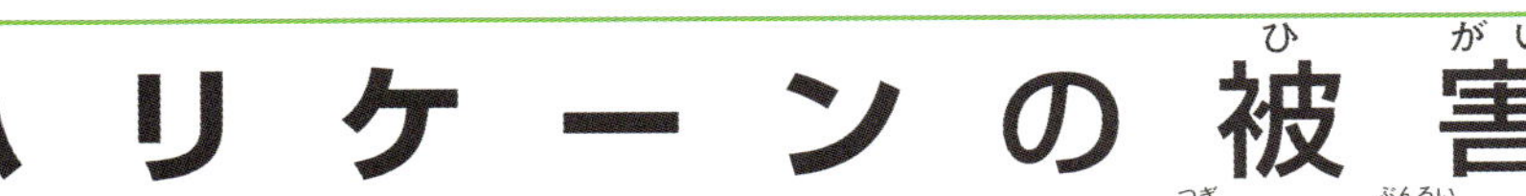

ハリケーンの被害

ハリケーンは「サファ・シンプソン・スケール」によって、次のように分類されている。なお、これは1969年に土木工学技術者のハーバート・サファと、当時アメリカの国立ハリケーンセンター長官であったボブ・シンプソンによって定められた。

	風速(秒速)	被害	
カテゴリー1	33～42m	建物への被害はほとんどない。小枝が折れたりする。	
カテゴリー2	43～49m	被害を受ける屋根、ドア、窓がある。	
カテゴリー3	50～58m	屋根瓦が飛ぶ。大木が根こそぎたおれる。	
カテゴリー4	59～69m	屋根がふき飛ぶ。海岸で洪水がおこる。	
カテゴリー5	70m～	建物が破壊される。高潮で壊滅的な被害がおこる。	

雷の落下

地球上では毎秒100回は雷がどこかに落ちているといわれている。エンパイア・ステート・ビルにも1年間に100回は落ちる。

最も被害が大きかった自然災害は？

黒死病として知られる災害は、14世紀に世界中を襲い、7,500万人もの命を奪った。

アメリカ合衆国のカリフォルニア州パサデナにあるローズボール・スタジアムは、9万1,000人を収容できる。

スペインかぜ

第一次世界大戦後の1918～1919年に、人類初のパンデミック(世界的流行病)、インフルエンザの「スペインかぜ」*がおこった。感染者は世界中で6億人以上。5,000万人以上が亡くなった(諸説あり)。当時の世界人口は18～20億人であったため、全人類の約3割が感染したことになった。

＊発生源はアメリカだったが、情報がスペイン発であったためこうよばれた。

黒死病とは、ペストのこと。ノミやネズミによって運ばれるペスト菌が原因。1347年10月(1346年とも)、中央アジアで発生したペストはヨーロッパに伝わり、14世紀末まで3回の大流行をし(小流行は何回も)、当時のヨーロッパ人口の3分の1から3分の2が死亡したと推定されている。

黒死病で亡くなった人数は、ローズボール・スタジアム800個以上をうめることになる。

はやわかりリファレンス

日本の東日本大震災(地震と津波)
2011年 23兆5,000億円

アメリカのハリケーン、カトリーナ
2005年 16兆5,000億円

中国の揚子江洪水
1998年 5兆5,000億円

アメリカの干ばつ
1988年
4兆5,000億円

(推定)

自然災害の経済的損害額は、何兆円にもおよぶ。とくに地震の被害が大きく、家屋や工場、道路などの重要な輸送ライン、インフラに深刻な被害をもたらす。

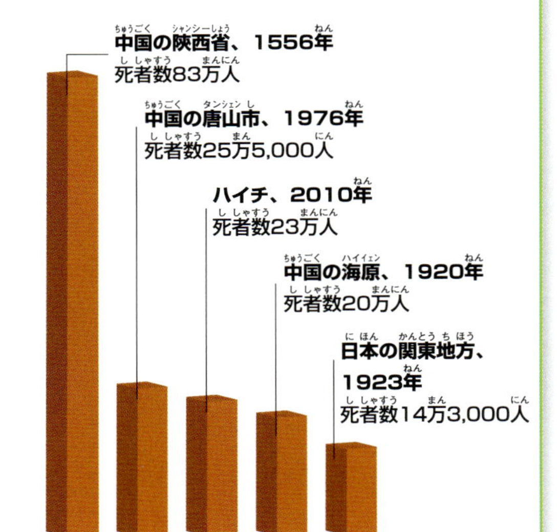

地震により、建物の倒壊はもちろん、水道、電気、ガスなどインフラが破壊される。地震とそれにともなう火災により、市街地で何千人もの人命が奪われる。

タワーマンションが建ち並ぶ中心部から延々と広がる郊外まで、ニューヨーク都市圏の人口は約1,900万人におよぶ。

アメリカのニューヨーク：13人

日本の東京：

ドイツのベルリン：22人

ダッカ都市圏は、世界でも飛び抜けて人口密度が高く、1,800万人の住民がひしめき合っている。

ベルリン都市圏の人口密度は、サッカー場で試合をする選手の数とほぼ同じ。

最も人口が密集している都市は？

$1km^2$ あたりの住民数を人口密度という。世界で**最も人口密度が高い**都市（圏）は、**バングラデシュ**の首都**ダッカ**だ。

ダッカでは、サッカー場の広さに314人が住んでいる。

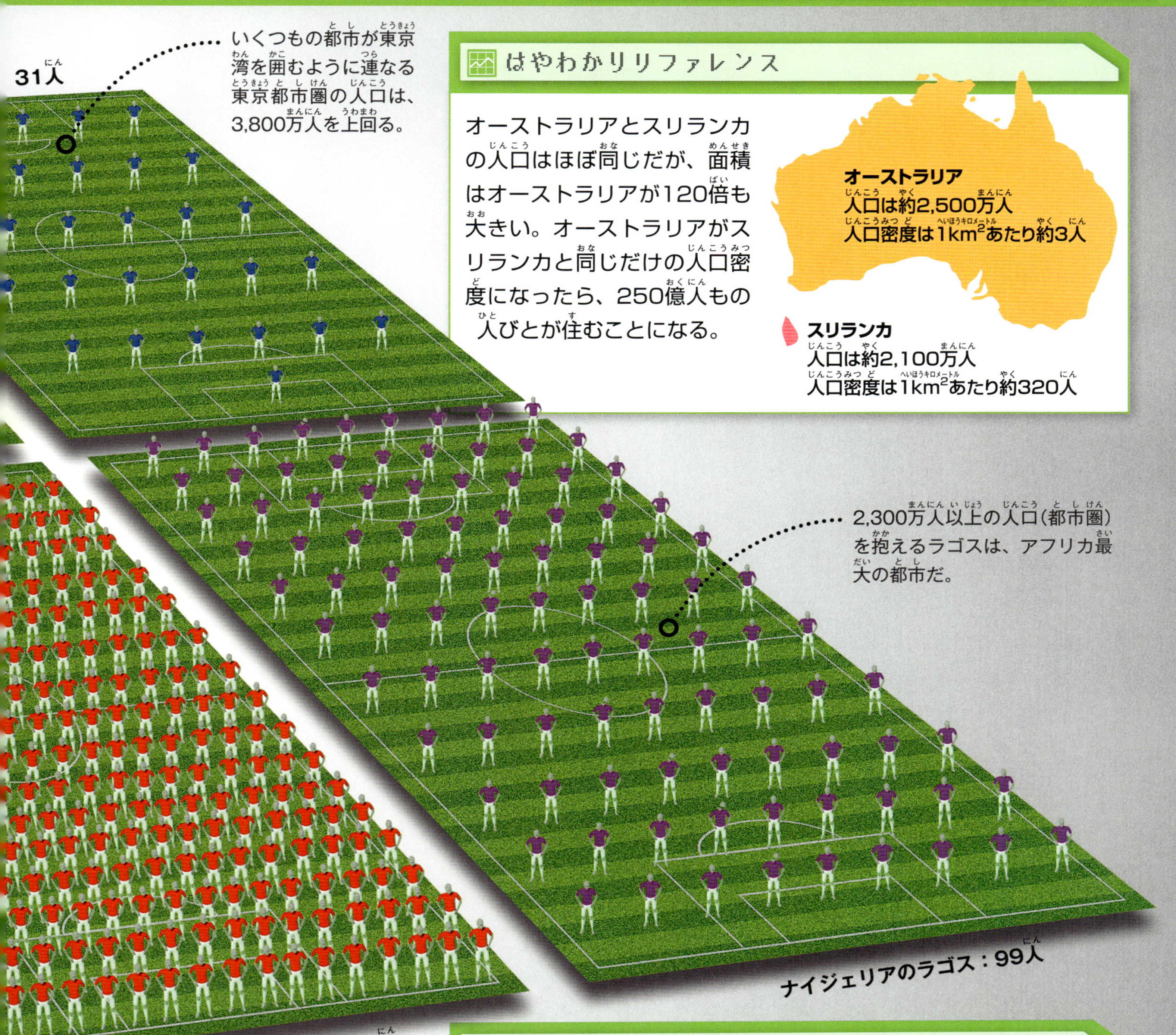

はやわかりリファレンス

オーストラリアとスリランカの人口はほぼ同じだが、面積はオーストラリアが120倍も大きい。オーストラリアがスリランカと同じだけの人口密度になったら、250億人もの人びとが住むことになる。

オーストラリア
人口は約2,500万人
人口密度は1km²あたり約3人

スリランカ
人口は約2,100万人
人口密度は1km²あたり約320人

人口世界一の都市が人口密度も世界一とはかぎらない。世界で最も人口が多いのは東京だが、人口密度はダッカほど高くない。東京のほうがはるかに面積が広いからだ。上の5面のサッカー場は、2014年の人口統計をもとに、5つの都市(都市圏)の人口密度をわかりやすく示したものだ。各都市の人口が均等に分布していると仮定し、サッカー場の広さ(7,140m²)にどれくらいの人が住んでいるかを表している。

メガシティ

人口1,000万人以上の都市をメガシティという。国連によると、現在33のメガシティがあり、2030年には43都市に増える見込み。世界で最もメガシティが多い国は中国で、全部で6つある。

世界の人口はどれだけふえているか？

毎日およそ**36万人の子どもが生まれ、16万人が死んでいる。**全体では世界の人口は１日あたりで**20万人ふえている。**

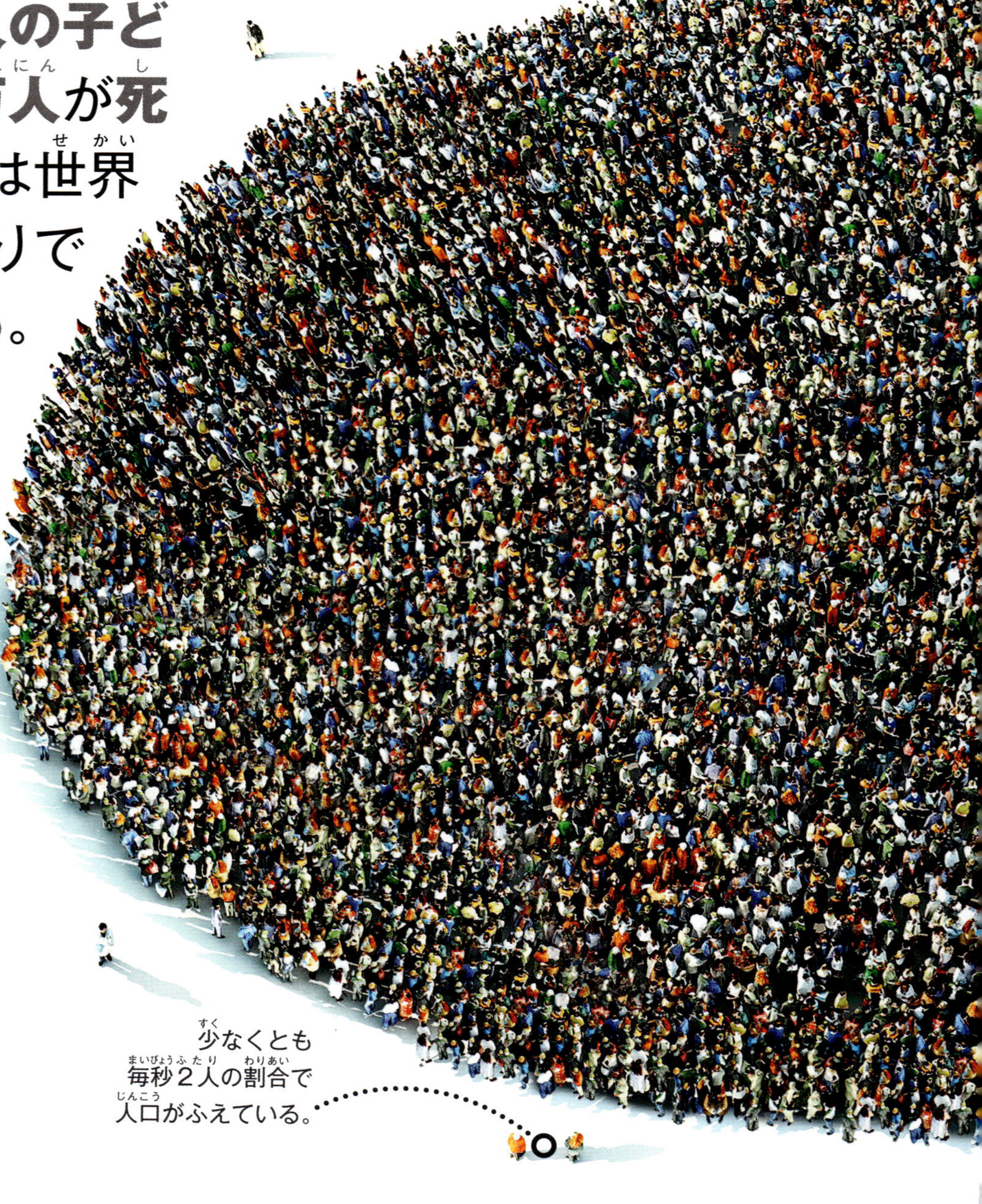

少なくとも毎秒２人の割合で人口がふえている。

高齢化

世界の人口は高齢化が進んでいる。適切な健康管理により子どもが生きのびる確率が高くなる一方、高齢者も寿命がのびている。また、子どもの死亡率が下がってきたため、出生数がへった。

はやわかりリファレンス

人口ピラミッドというグラフ*は、年齢を重ねるにつれて人口がへり、三角形のピラミッド状のグラフになることからそうよばれる。ところが、日本などの先進諸国では、医療の発達や少子化の影響により三角形型にならない。

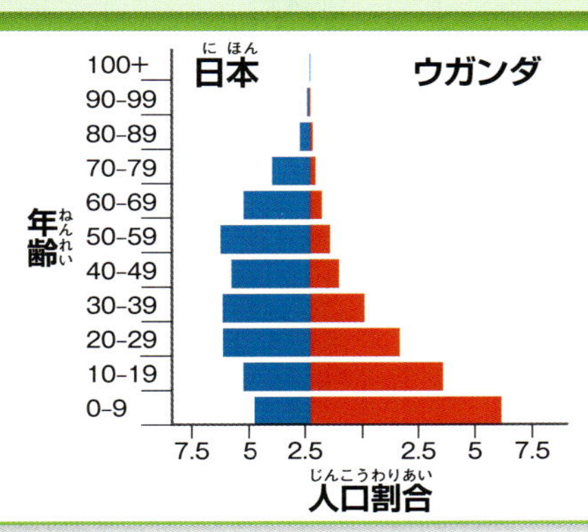

まんなかがふくらんだ日本のピラミッドは、高齢化し、若い世代が少ないことを示している。出生率が低く、人口は減少している。

ウガンダは、ピラミッド状をしている。出生率が高くて子どもが多く、高齢者が少なく、人口ののびがいちじるしいことを示している。

＊年齢ごとの人口を表したグラフ。

ここには、8,000人がいる。世界では、1時間でこれだけの人口がふえている。

世界の人口は、1時間で8,000人以上ふえている。それは、旅客機23機分の乗客が1時間ごとに地球に到着しているのと同じことになる。また1日で、ロンドンのオリンピック・スタジアムの収容人数（8万人）の2.4倍の人々が、地球の新しい住人になることを意味している。

人類とあらゆる生物

地球は、人類をはじめとするすばらしい生命体の宝庫である。わたしたち人類は、無数の植物や動物とともに地球上にくらしている。それらの生物のなかには、巨大なものもあれば、目に見えない極小のものもある。どれもすばらしい能力をもっているが、なかでも人類の肉体は、奇跡のような働きをしている。

オニイトマキエイは世界最大のエイ。マンタとよばれる。大人のオニイトマキエイは、ひれの幅が左右8m、体重は3tになるものもある。熱帯の海の浅いところを、翼のようなひれをつかって飛ぶように泳ぎながらプランクトンを食べる。性格はおとなしい。

心臓が送りだす血液の量は？

大人の心臓は、１分間に約70回、１日にすると約10万回も収縮と拡張をくりかえすことで、全身に**毎分約5.6Lの血液**を送る**ポンプ**の役目をしている。

驚異の毎分50L

自転車ロードレース選手のミゲル・インドゥラインは、1990年代のツール・ド・フランスで５連覇を達成。当時彼の心臓は、毎分50Lの血液を送りだし、肺に８Lの酸素を取りこんだ。平均的な大人が肺に取りこめる酸素は、６L以下。

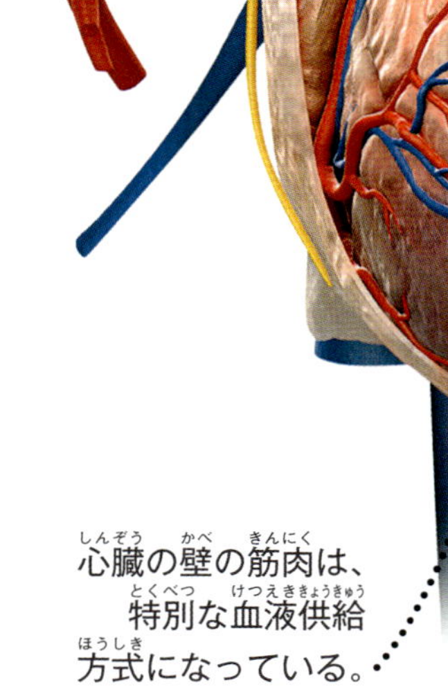

細胞に酸素を運んだ血液は、静脈（青色で示してある）を通じて心臓にもどる。

心臓の壁の筋肉は、特別な血液供給方式になっている。

はやわかりリファレンス

心臓が1分間で送りだす血液の量は、「毎分心拍出量」という。これは、人の健康状態をはかるものさしとしてつかわれている。送りだされる血液量が多ければ多いほど、体はより多くの作業をすることができる。

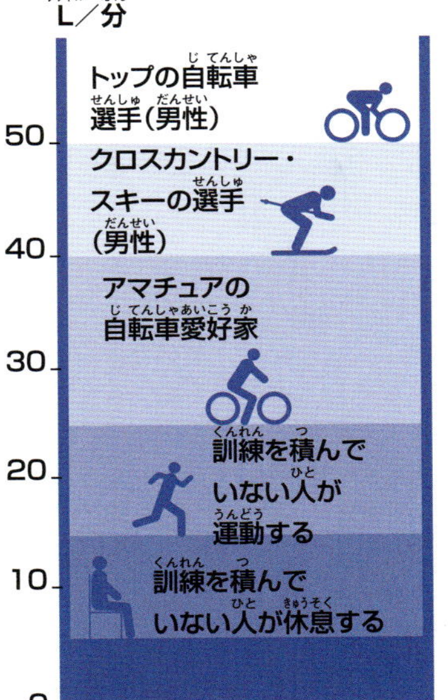

女性 4.5L

男性 5L

妊婦 6.5L

平均して女性は、男性より体内の血液量がわずかに少ない。ところが妊娠中は、赤ちゃんに栄養をあたえるために、血液量が男性より多くなる。

血液は心臓から肺動脈という太い血管を通って肺へ送られ、肺で酸素を受けとる。

大人の心臓は1か月で、タンクローリー5.3台分（3万8,000L）の血液を送りだしている。

心臓には、左心室と右心室とよばれる部屋がある。右心室は肺に血液を送り、血液は酸素を受けとる。左心室は酸素を受けとった血液を体じゅうへ送り、すべての細胞に栄養素を供給する。細胞へ酸素を受けわたすと、血液は心臓にもどる。これをくりかえす。

心臓は酸素を受けとった血液を動脈（赤色で示してある）を通して全身へ送りだす。この血液があざやかな赤色をしているのは、酸素を運ぶヘモグロビンという物質のせいだ。酸素の少ない血液は暗赤色をしている。

血管の長さは？

大人の体にはおよそ**16万km**＊1、**子ども**はおよそ**9万7,000km**の長さの血管がある。

＊1 計算の仕方で諸説ある。10万kmで地球２周半とする説も多い。

血管は大きくわけて、動脈、静脈、毛細血管の３種類がある。体内のほとんどすべての細胞に達する血管をつなぐと、とてつもない距離になる。血管を流れる血液は酸素と栄養素を細胞に運び、かわりに老廃物＊2を取りのぞく役目をしている。

＊2 役割を終えて、体外に放出される物質。

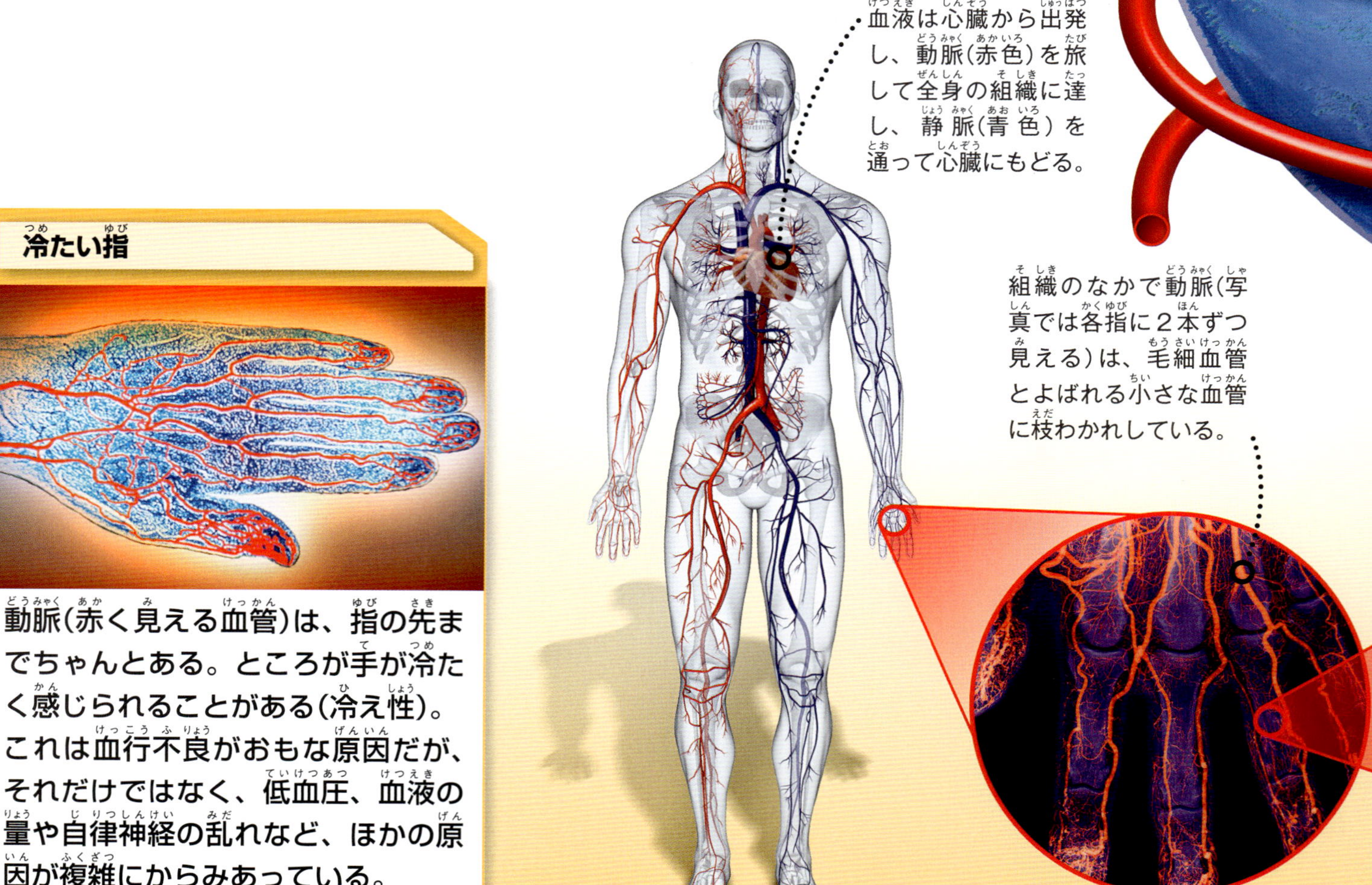

血液は心臓から出発し、動脈（赤色）を旅して全身の組織に達し、静脈（青色）を通って心臓にもどる。

組織のなかで動脈（写真では各指に２本ずつ見える）は、毛細血管とよばれる小さな血管に枝わかれしている。

冷たい指

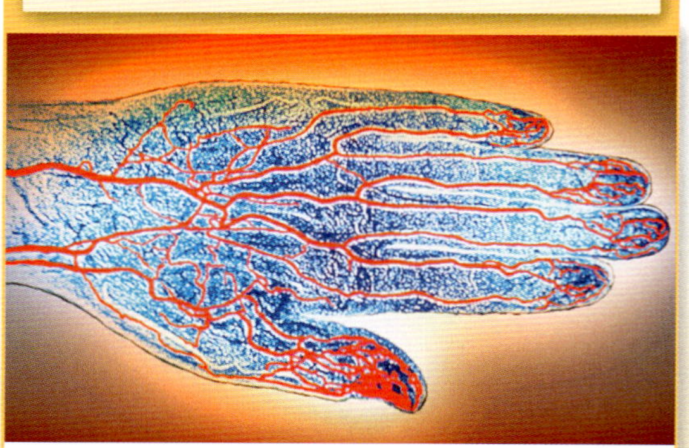

動脈（赤く見える血管）は、指の先まできちんとある。ところが手が冷たく感じられることがある（冷え性）。これは血行不良がおもな原因だが、それだけではなく、低血圧、血液の量や自律神経の乱れなど、ほかの原因が複雑にからみあっている。

毛細血管は、非常に細い。最も細いものの直径は5～10μmで、20本分がかみの毛1本ぐらいだ。これは一度に赤血球(大きさは直径が7～8μm、厚さが2μm強ほど)が1つ通れるほどの太さだ。毛細血管の壁は非常にうすいため、さまざまな物質が血液と組織細胞との間を行き来できるようになっている。

はやわかりリファレンス

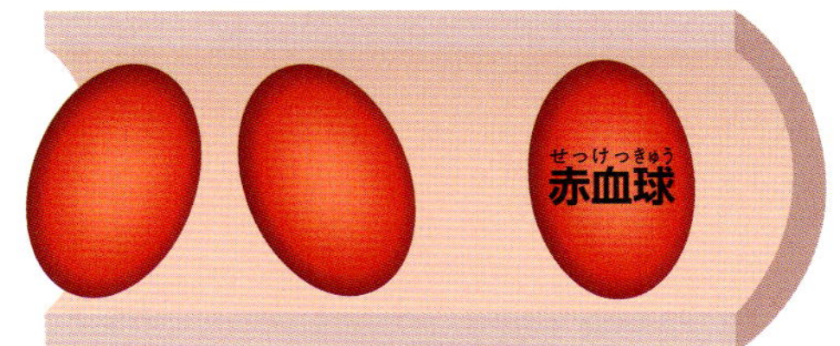

毛細血管

太い血管は大動脈とよばれる動脈。大動脈は、最も太いところで直径が3cmあり、毛細血管の直径が5μmだとすれば、6,000倍にもなるわけだ。

静脈 血液総量の65%

動脈 血液総量の35%

体内の静脈のなかには、つねに動脈より多量の血液がある。同一部位では、一般的に静脈は(壁がうすいので)動脈より太く、血液もよりゆっくりと進む。

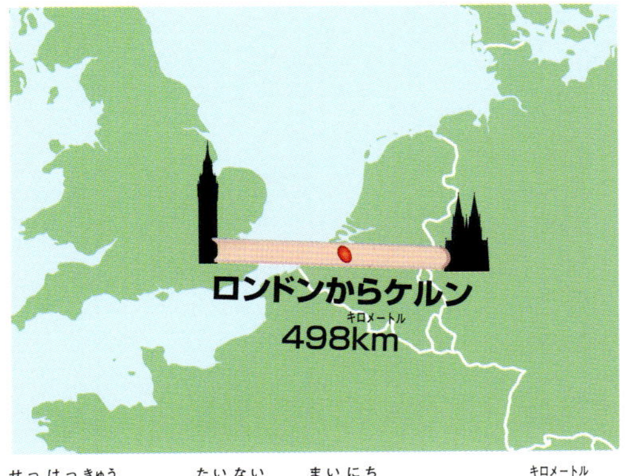

赤血球は、体内で毎日およそ4kmの距離を旅している。1つの赤血球は120日ほど生きるので、合計480kmの距離を進む。ちょうどイギリスのロンドンからドイツのケルンまでの距離と同じぐらいだ。

人間が一生ではく息の量は？

寿命が**70年**だとすると、ふつうの人ならおよそ２億7,500万Lの息をはく。

3～5人乗りの平均的な大きさの熱気球は、280万Lの空気を取りこんでいる。

ふつうの人なら一生のうちに95~100個ほどの熱気球をふくらませるほどの息をはくことになる。

大人の肺は、1回の呼吸で平均して0.5Lの空気をすいこむ。すわった姿勢の場合、1分間に15回呼吸をする。

はやわかりリファレンス

ふつうの大人であれば、肺には肺胞とよばれる、3~5億個の小さな半球状のふくろがある。すべて広げるとテニスコート半分ほどの大きさになる。

カモ科の鳥であるインドガンは、とても効率のよい肺をもっている。そのため、酸素の少ない海抜6,300mほどのヒマラヤの高地を飛ぶことができる。人間は、そんな高いところに住むことはできない。

ボルネオバーバーガエル

ほとんどのカエルは肺と皮膚から呼吸するが、ボルネオバーバーガエルには肺がない。ボルネオの山奥の渓流に生息する4cmほどのカエルで、ほぼ完全に皮膚呼吸していると予測される。日本にもハコネサンショウウオという「肺のない両生類」がいる。

人間の骨の重さは？

骨はとても軽い。人間の骨格の重さは、年齢、性別、体型などにより大きく異なるが、およそ**体重の15%**という見方がある。

のどにある舌骨は、ほかの骨につながっていない。

大人の体重は、個人差が大きいが、自分の骨格の重さの6倍以上あることが多い。

片足に28個、片手には27個の骨がある。両手足をあわせると、206個になるといわれる体の骨の総数の半分以上になる。

骨の内部

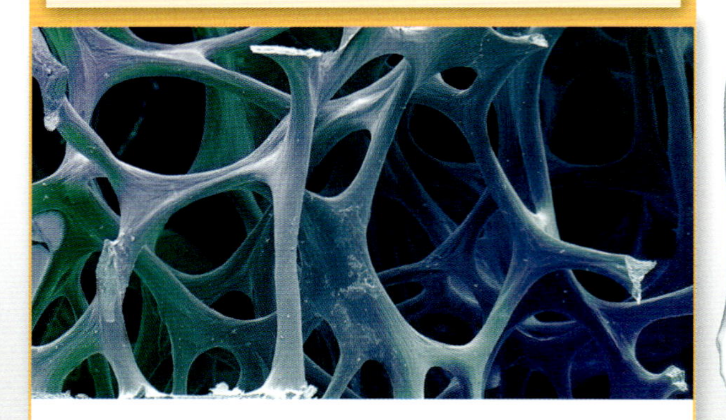

骨は非常に丈夫だが、内部には空洞があるため軽い。かたくてすきまのない「皮質骨」の内部には、ハチの巣状の構造をした「海綿骨」がある(上はカラーで示してあるが、骨内部のほんとうの色ではない)。空洞部分にはゼリー状の骨髄がある。

はやわかりリファレンス

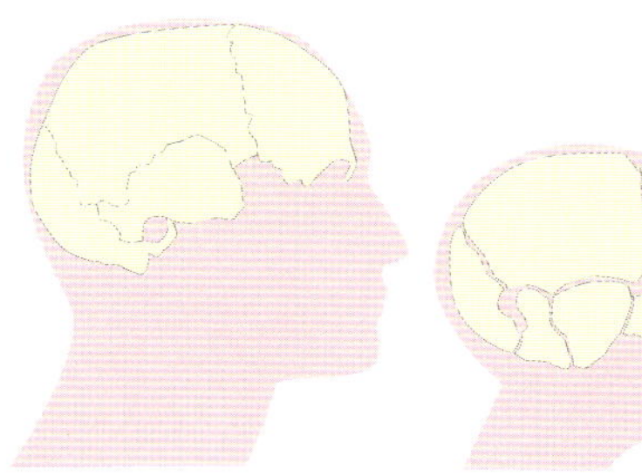

大人の頭がい骨

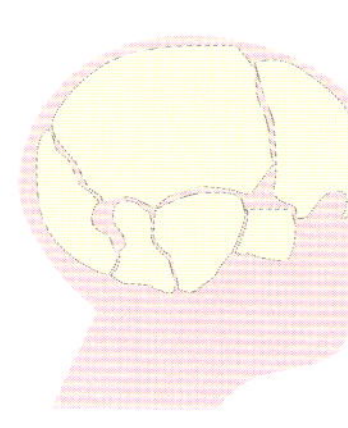

赤ちゃんの頭がい骨

赤ちゃんは、生まれたとき、およそ300個の骨をもっている。成長すると頭がい骨などの骨がたがいにくっついていき、大人になると、たいてい骨の数は206個になる。

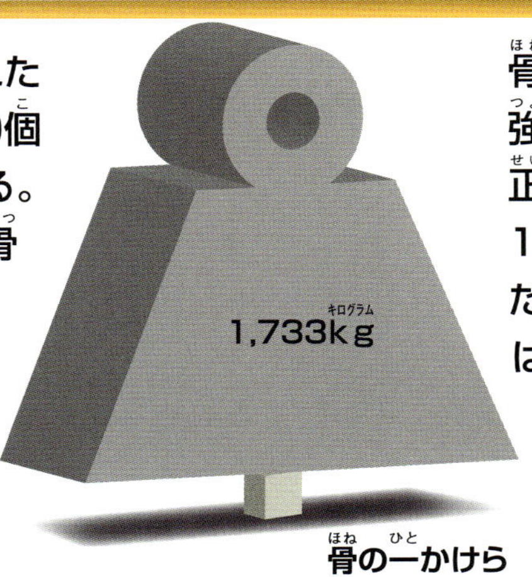

骨の一かけら

骨は信じられないほど強い。1辺が1cmの正常な骨の立方体は、1,733kgもの重さにたえられる。この重さはオスのカバの体重に相当する。

ヒトの脊椎の数は、頸椎7個（まれに8個）、胸椎12個、腰椎5個、仙椎5個、尾椎3～6個の約30個（30椎）。

最も重い骨は大腿骨。最も軽い骨は、耳小骨のうちのあぶみ骨。

はやわかりリファレンス

目玉が大きくなると、より明るくはっきりした視野をもつことができる。メガネザルの目玉は、体の大きさに比べてかなり大きい。眼球1つの重さは3gで、脳の重さとほぼ同じ。大きな目玉をつかって夜の熱帯雨林で昆虫などをつかまえる。昼間はまぶしくてあまり見えないようだ。

メガネザルの脳と眼球の大きさ比べ

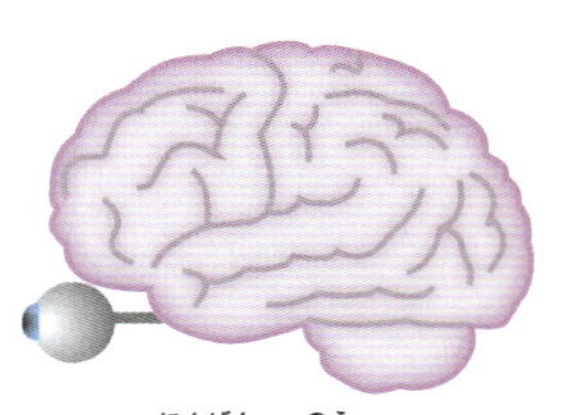

人間の脳と眼球の大きさ比べ

最大の目玉をもつのは？

ダイオウホウズキイカはあまり聞かない名前だが、ダイオウイカより大きいともいわれる。**目玉**の直径が**27cm**のものが発見されている。

先史時代の生物

中生代に生存し、その後絶滅した大型爬虫類とされる魚竜は、直径30cmほどの目玉をもっていた。現在の巨大イカの種類と同じように、おそらく暗い深海で獲物をつかまえるために大きな目玉が役立ったと考えられている。

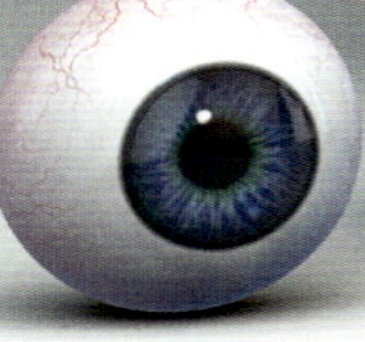

人間の目玉（実物大）
直径2.4cm

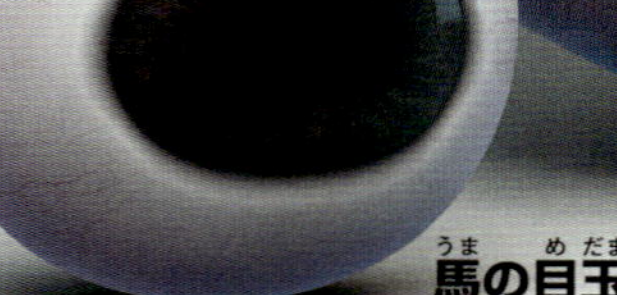

馬の目玉（実物大）
直径4cm

シロナガスクジラの目玉（実物大）
直径15cm

ダイオウホウズキイカの目玉（実物大）直径27cm
ダイオウホウズキイカの目玉は直径30〜40cmのビーチボールほどだと考えられている。

最大の歯をもつのは？

アフリカゾウの歯は、すべての動物のなかで**最大**。**巨大な歯**で植物をすりつぶす。**きば**は、**切歯（門歯）**が発達したもの。

アフリカゾウの臼歯上部のうねは、木の枝をすりつぶすのにちょうどよくなっている。

歯根は、歯茎の表面の下にある部分。臼歯が最初に形づくられるとき、歯根は下を向いている。しかし歯があごの先に移動すると、歯根は後ろにかたむく。

1頭のゾウの臼歯の大きさはヒトの臼歯およそ65人分にあたる。

ホウライエソの歯

温帯から熱帯海域の水深500〜2,500mに生息するホウライエソは、ガラスの短剣のような長い歯をつかって獲物をとらえる。歯はえさのとぼしい深海で確実に相手をとらえるためにするどく、大きくなったと思われる。

ヒトの臼歯の長さは、歯冠から歯根までで平均して2cm。一生のうちで歯がはえかわるのは1回だけだ。

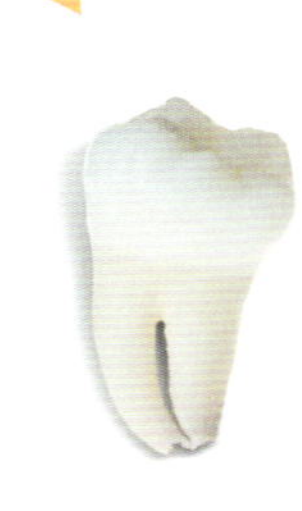

ゾウの臼歯は、長さ21cm、幅7cm、重さ4kgほどになる。歯のエナメル質は体内で最もかたい物質だが、それでも歯は、すりへり、一生のうちで6回はえかわる。

歯冠は歯の一部で歯茎の上にのっている。

歯根のひだは、12個の別々の臼歯のプレートや歯牙が成長とともにくっついたもの。

ライオンの奥の歯の幅はおよそ3cm。かみそりのようにするどく、はさみのように2本一組で働いて、肉を引きさく。

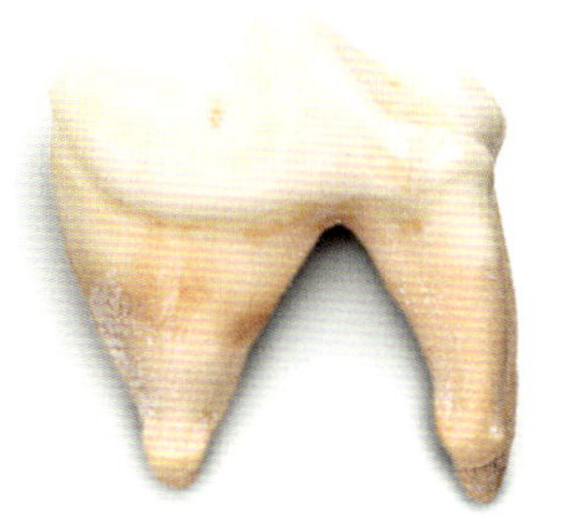

ホホジロザメの歯は、ノコギリのようにギザギザしている。大きいものは、根もとから先まで7cmもある。

歯はすべて実物大

はやわかりリファレンス

きばは、戦ったり、土をほったり、ものをもちあげたりするのにつかわれる。セイウチは、自分の体を引っぱるアイスピックのようにつかうこともある。

アフリカゾウのきば 3m

イッカクのきば 2.7m

セイウチのきば 1m

イボイノシシのきば 45cm

バビルサのきば 30cm

サメに似た古代魚のヘリコプリオンの上大顎には歯がなく、下顎だけにうずまき状のノコギリのような歯がある。つかい方はわかっていないが、おそらく獲物の魚を切りきざみながらのどの奥に送って飲みこんだのではないかと考えられている。

うずをまいたノコギリ状の歯が外に出ている

体のデータ

動物の体は、**細胞**がまとまって**組織**になり、組織が**臓器**をつくり、臓器は**体の働きをつかさどる器官**をつくる。体には、右の絵の神経系をはじめとする、多くの器官がある。

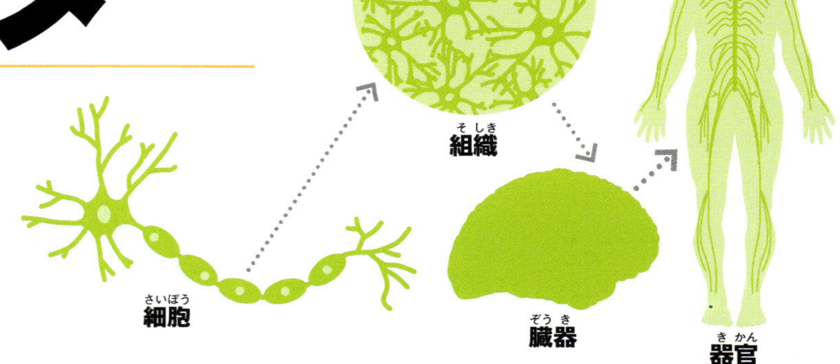

人体をつくる＊元素

リン：2,200本のマッチ棒ができる量

鉄：長さ7cmのくぎができる量

炭素：えんぴつ9,000本分のしんができる量

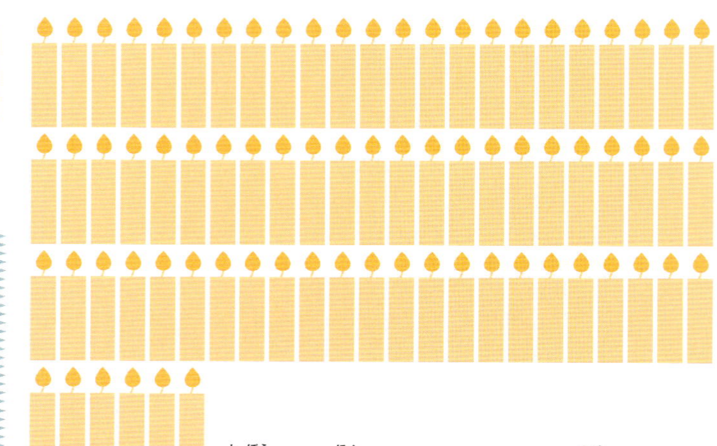

脂肪：75本のろうそくができる量

＊人体をつくる元素には、おもに水素と酸素、炭素、窒素とそのほかに少量のリンやイオウがある。この6種類で、核酸、タンパク質、糖質、脂肪をつくっている。さらに、微量だが、人体には鉄、亜鉛、銅などもある。

1,000兆以上の細菌

人間の体には**60兆個以上の細胞**があると考えられている。また、それより**はるかに多い数の細菌**(一説では**1000兆以上**)がいる。細菌を全部集めると、**2Lの水さしいっぱい**になるなどといわれている。

深呼吸

人間の呼吸は何をしているときかによって回数が変わる。**休んでいるとき**には**1分間で12〜15回**だが、**激しい運動をしているとき**は**45〜50回**になる。

平均的なヒトの一生で、

- 指のつめは28mのびる。25mの距離のプールより少し長い。
- トイレに入っている時間は、合計で**3年間**。
- 4万Lのおしっこをする。
- **9年間**働く。
- 250kgの皮膚が死んで生まれかわる。
- **4億1,500万回**まばたきをする。
- 12年間話す。
- 頭髪が**950km**のびる。東京から鹿児島とほぼ同じ。

繁殖

- ゾウの妊娠期間は長い。1頭の赤んぼうは生まれるまでに**22か月**の間、母親のおなかのなかにいる。

- シロアリの女王は、1日およそ**3万個の卵**を生む。
- マンボウのメスは一度に**最大3億個の卵**を生む。これは脊椎動物一個体が生む卵の数としては最大だと考えられている。

食事の時間

大人のシロナガスクジラは、1日**3.5〜4t**程度の量のオキアミ(小型の甲殻類)を食べる。その重量は、**小型の自動車3台分**にあたる。

成虫のカゲロウは、2〜3時間しか生きることができず、ほとんど何も食べないで、ほとんどの時間を繁殖についやす。

大きいものと小さいもの

人間の体(成人)には

206個の骨

がある。**最長**は太ももの大腿骨。**最小**は耳小骨(⇒p93)とよばれる、耳のなかの3つの小さな骨だ。

耳小骨(実物大)

大腿骨(実物大)

聞こえる範囲

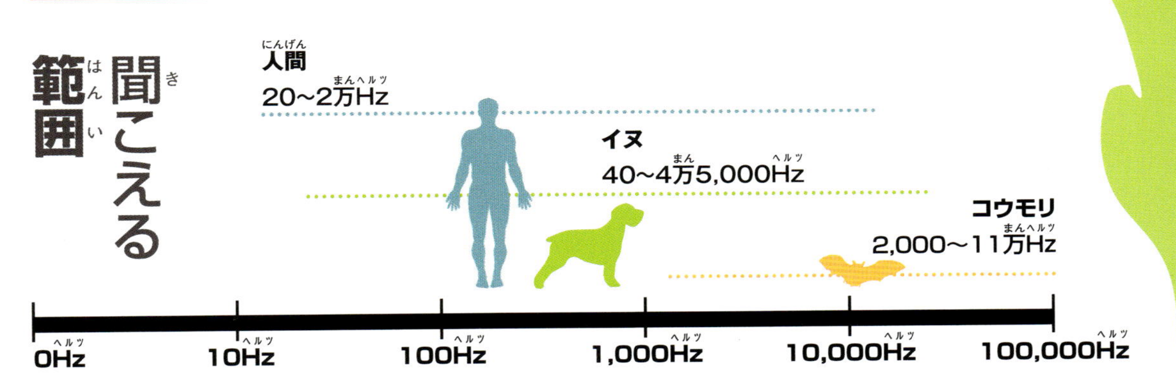

最大の生物は？

カリフォルニアにある**ジャイアント・セコイア**の木は、**世界一の体積**をもつ。樹高**75m以上**、重量は最大で2,000t近くになる。樹齢は1,000年以上で最高記録は3,200年。

トンネルツリー

1800年代から1900年代初頭にかけて、馬車や自動車を通すために、写真のようにジャイアント・セコイアにトンネルがあけられた。現在、こうした古い「トンネルツリー」がいくつかまだ残っていて、観光名所になっている。国立公園の宣伝にもつかわれている。ただし、新しくトンネルをつくることはない。

木の最上部まで調査する森林生態学者。

ジャイアント・セコイアは雷によっててっぺんの枝が折れてしまわなければ、さらにのびる可能性がある。

このジャイアント・セコイアの高さは、25階建てのビルとほぼ同じで、75mある。

この写真のジャイアント・セコイアは、老齢期でも成長できる。この写真は、「大統領」と名づけられた有名な木で、樹齢3,200年。

木を登っている森林生態学者。

ジャイアント・セコイアの樹皮は、根元では90cmの厚さがあると見られている。樹皮は燃えにくく、森林火災の被害にあうことはない。

登山用ロープをにぎっている森林生態学者。

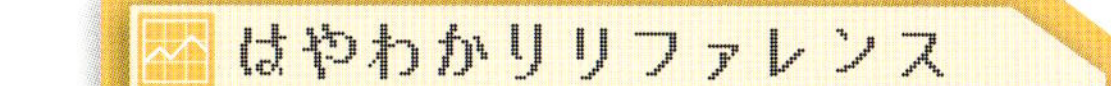

はやわかりリファレンス

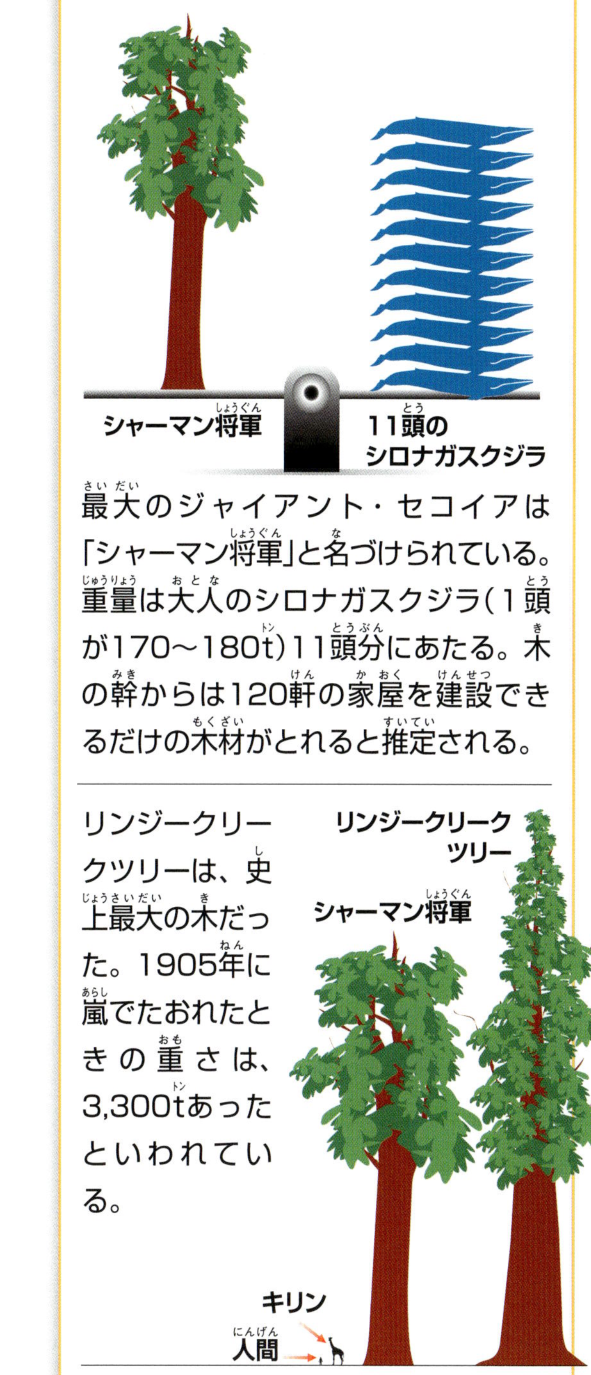

最大のジャイアント・セコイアは「シャーマン将軍」と名づけられている。重量は大人のシロナガスクジラ（1頭が170～180t）11頭分にあたる。木の幹からは120軒の家屋を建設できるだけの木材がとれると推定される。

リンジークリークツリーは、史上最大の木だった。1905年に嵐でたおれたときの重さは、3,300tあったといわれている。

最大の動物は？

地球上最大の動物は、シロナガスクジラ。
長さは**30m**に達する。

尾びれは幅が最大で7.6m
あり、時速50kmでおよぐ
推進力となっている。

はやわかりリファレンス

シロナガスクジラ

スクールバス

シロナガスクジラの体長は、バスケットボールのコートより長く、重さはスクールバス15台分ほど。

シロナガスクジラは、ジェット機が離陸するときよりも大きなうなり声を発する。これは、188デシベルに達することもある低周波で、海の中では数千km離れていても聞こえる。

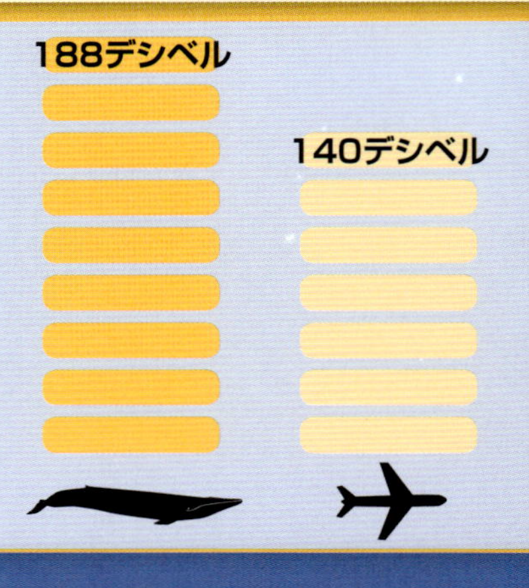

ろ過摂食

シロナガスクジラは、オキアミとよばれる小型の甲殻類を１日3.5〜4t も食べる。そのために90tの海水を飲みこみ、「ひげ板」とよばれる上あごからのびた、くしのような部分で、海水をこして、オキアミを摂る。

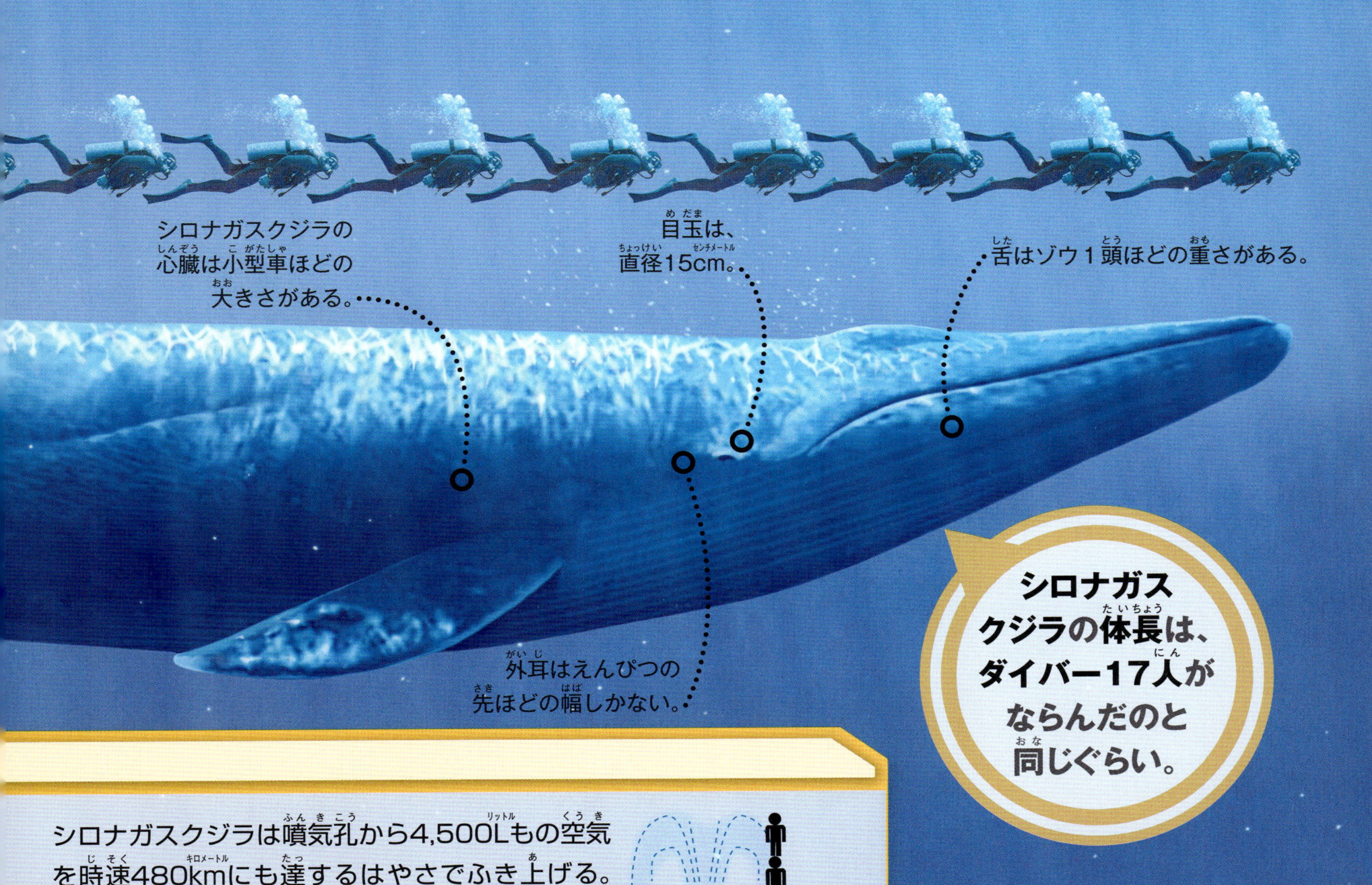

シロナガスクジラの体長は、ダイバー17人がならんだのと同じぐらい。

シロナガスクジラは噴気孔から4,500Lもの空気を時速480kmにも達するはやさでふき上げる。その海水は９mの高さまで届く。人間がたてに５人ならんだのと同じぐらいだ。

最大の恐竜は?

2015年に**史上最大の陸生動物の化石**が発掘された。見つかったのは**ティタノサウルス**の仲間で、専門家の推定によると、体重が**77t**、全長が**37m**に達するという。

はやわかりリファレンス

新たに発見されたティタノサウルスの新種は、もともと大型の種が多い竜脚類恐竜。竜脚類恐竜は、最も小さなエウロパサウルスでさえ、長さ6m、体重1tもある。

エウロパサウルス　ティタノサウルス

人間　プリオサウルス

海にすむ先史時代の動物のなかで最大級のものがプリオサウルス。大きなものは、体長が15m以上あったと推定されている。

恐竜時代の前

恐竜が現れるはるか以前は、地上には大きな生物はおらず、海にいたプテリゴートゥスが最大の生物だった。体長は2m以上で人間より大きかったと考えられている。これはカブトガニに似た生物で、古生代中期に栄えたが、古生代末期以降絶滅した。

ティタノサウルスの頭は小さい。食物をかまずに飲みこむため、大きなあごが必要なかったと考えられている。

2015年、アルゼンチンでこの恐竜の骨の化石が84本発見された。後にパタゴティタン・マヨルムと命名されたこの恐竜の骨を調べると、若い個体のものであることがわかった。つまり、成体はさらにもっと大きいわけだ。

ティタノサウルスは首が長いため、地上や樹上にあるエサを手あたりしだいに食べることができた。とほうもない大食漢で、毎日、ダンプ1台分ほどの草木を食べる必要があった。

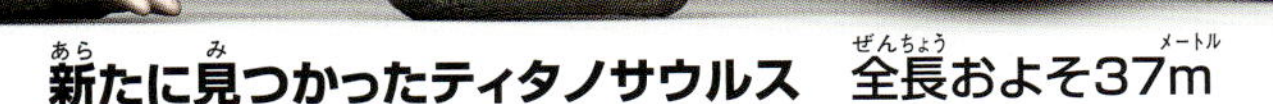

新たに見つかったティタノサウルス　全長およそ37m

2階建てバス　全長およそ9.5m

陸生の肉食獣で最大のものは？

世界**最大級の肉食恐竜**は、中生代白亜紀前期（およそ１億年前）に現アフリカ大陸北部に生息していた**スピノサウルス**ではないかと考えられている。

スピノサウルスの全身の化石は見つかっていないが、肉食恐竜のなかで最大と推定されている。

大人の人間の身長はおよそ1.8m。

オスのホッキョクグマは、現代の最大の陸生捕食獣*だ。成長すると全長が３m、肩までの高さが1.5mになる。体重400～600kg。

＊ほかの動物をとらえて食べる動物。

スピノサウルスは帆のようにのびた背骨によって体がより大きく見える。これは、熱をにがすラジエーターの役割をしていたのではないかと考えられている。

スピノサウルスの全長は、ホッキョクグマの全長の5倍以上。

大きな尾と頭・前脚の重さとのバランスがとれていて、後ろ脚で歩くのに役立った。

サーベルタイガー（剣歯虎）

サーベルタイガー（剣歯虎）は、漸新世後期から更新世にかけて栄えたスミロドンなど、上の犬歯がサーベル状になったと考えられる肉食獣のこと。肩高は約1～1.2m。獲物を地面におさえこんで、20cmになる長い犬歯でとどめをさしたと考えられている。なかにはマンモスを獲物にしていたものもいたようだ。

はやわかりリファレンス

アムールトラ（シベリアトラ）　アンドリューサルクス　マプサウルス　ギガノトサウルス　ティラノサウルス

アンドリューサルクスは、約4,500～3,600万年前に現在のモンゴルに生息していた、原始的な大型肉食性哺乳類。全長は3.4mほどで、現代のアムールトラのほぼ2倍と推測されている。

スピノサウルスは、ティラノサウルス、ギガノトサウルス、マプサウルスよりも大きいといわれているが、最近の研究でスピノサウルスが魚を主食にしていたといわれるようになった。その場合、最大の肉食獣とはいえなくなる。

最大のヘビは？

ティタノボアは、**全長14m**以上にもなる**巨大ヘビ**。およそ**6,000万年前**、現在の**コロンビア**にあたる地域の**ジャングルの沼地**に生息していた。

現代のヘビのあごと同じように、下あごがはずれて大きな獲物を飲みこむことができる。

口の中のこの穴は、特別な呼吸器官。獲物をゆっくりと飲みこむときは、穴の位置を前や横にずらして呼吸する。

食餌習性

ニシキヘビなどの大きなヘビは、自分の体より大きな獲物を食べることができる。かまずにまるごと飲みこみ、食べたあと、消化するのに体力をつかうため、何日もじっとしている。

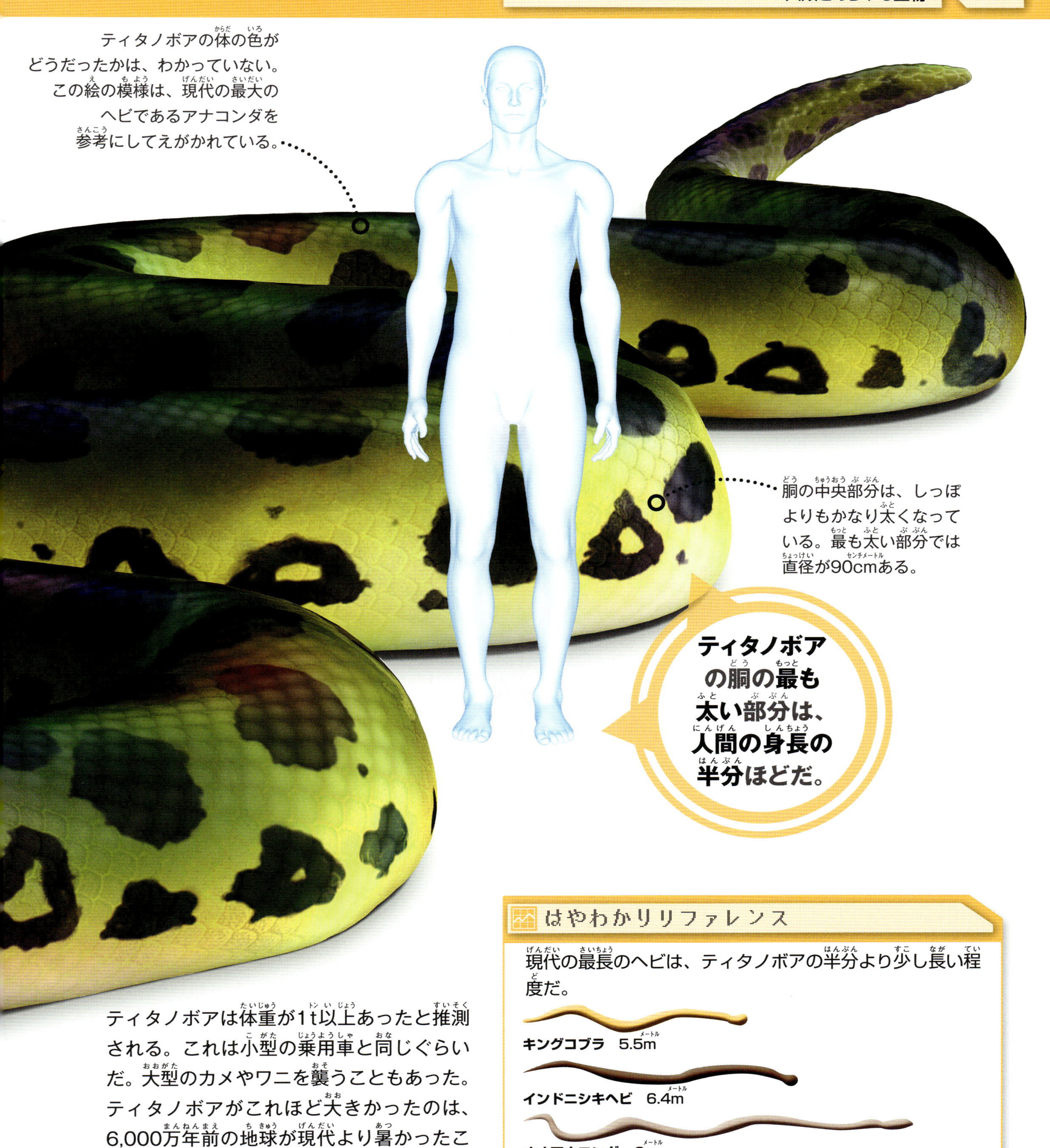

ティタノボアは体重が1t以上あったと推測される。これは小型の乗用車と同じぐらいだ。大型のカメやワニを襲うこともあった。ティタノボアがこれほど大きかったのは、6,000万年前の地球が現代より暑かったことが理由だといわれている。現代でも暑い地方の爬虫類は、大型化する傾向がある。

はやわかりリファレンス

現代の最長のヘビは、ティタノボアの半分より少し長い程度だ。

キングコブラ 5.5m

インドニシキヘビ 6.4m

オオアナコンダ 9m

アミメニシキヘビ 10m

最大のサメは？

150万年以上前に絶滅したといわれる**メガロドン**は、最大で**全長20m**あったと推測されている、史上**最大のサメ**だ。

モササウルス

メガロドンは史上最大のハンターだといわれるが、海には、巨大な捕食獣がほかにも多くいる。6,500万年前に生息していた爬虫類のモササウルスも、全長は15mほどになったと考えられている。

メガロドンは、1,700～1,600万年前に最初に現れ、世界じゅうすべての海に生息していた。現代のホホジロザメによく似た種だといわれている。しかし、はるかに巨大であるため、近い種ではないと考える専門家もいる。

はやわかりリファレンス

現生最大のサメは、ジンベエザメだ。ジンベエザメはおとなしいサメで、水中のプランクトンを主食としている。ホホジロザメは、最大の捕食魚だ。大型の魚などを1匹ずつ追いかけて食べる。

メガロドン
全長16～20m
50t （最大級）

ジンベエザメ
全長12.65m
21.5t （最大級）

ホホジロザメ
全長6.1m
1.9t （最大級）

メガロドンの大きな歯の化石はよく見つかっている。ホホジロザメの歯と同じ形をしているが、大きさが3倍以上もある。

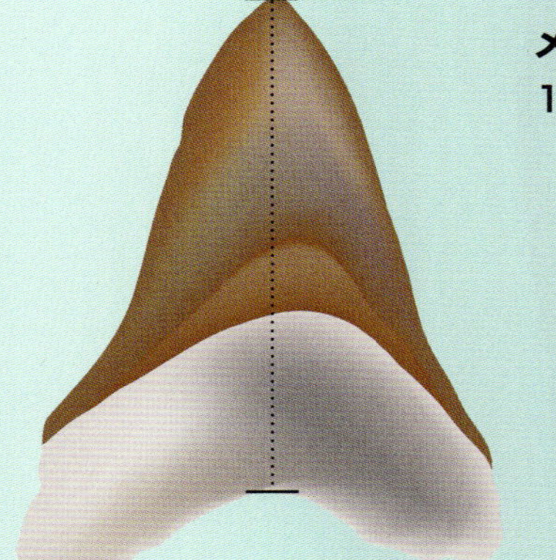

メガロドンの歯
17cm

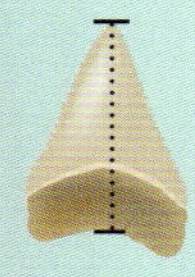

ホホジロザメの歯
5cm

クモの脚の長さは、
1本の脚の先から反
対側の脚の先までを
計測する。
鋏角(牙)は、長さが
2.5cmあり、普段は毛
におおわれた上部口器
の下にしまわれている。
ゴライアス・バードイーターは、
タランチュラに近い種で、
南アメリカに住んでいる。
ふだんは昆虫やネズミ、コウモリ、
ヘビ、トカゲなどを捕食する。
ときに鳥をえさにすることもある。
獲物に飛びつき、鋏角から毒液を注入する。
クモは体をおおう刺激毛に
毒があるものが多い。
タランチュラは自分を攻撃する
ものに対し、自衛のために
刺激毛を放出させることがある。

ゴライアスは人間の大人の手やディナー用の大皿より大きくなることがある。

巨大なアシダカグモ

最長の脚をもつクモは、東南アジアのラオスに生息する巨大なアシダカグモ。脚長は30cmにもなるが、体の全長はわずか5cm以下しかない。

クモはどこまで大きくなる？

最も**体重の重い**クモは、**ゴライアス・バードイーター**（ルブロンオオツチグモ）で**175g**にもなる。**脚長が28cm**あるものが見つかっている。

ゴライアス・バードイーターは脚の剛毛をこすり合わせシューッという音をたてて獲物を威嚇する。

はやわかりリファレンス

ダーウィンズ・バーク・スパイダーは、6車線の自動車道路と同じほどの幅（25m）の巣をはることができる。クモの糸は非常に切れにくく、ケブラー繊維（防弾チョッキをつくる材料）の10倍も強い。

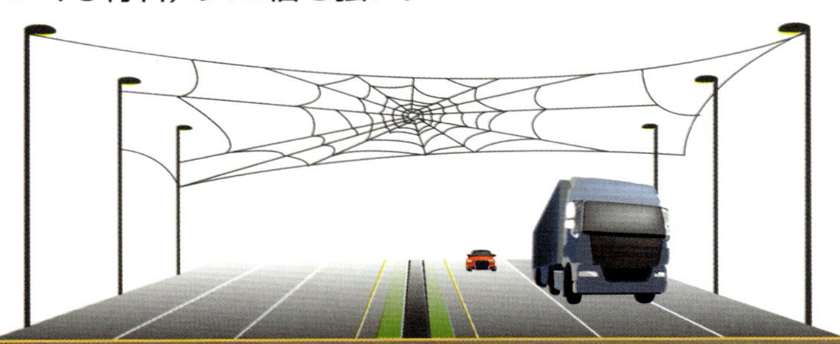

クモはほぼすべて毒性で、ある種のクモの毒は、ネズミを何十匹も殺せるほど。ほとんどのクモは人間に無害だが、下の3種類は用心が必要だ。

100万分の1gの毒で死ぬネズミの数

種類	数
クロゴケグモ	12.5匹
地中海ゴケグモ	37匹
クロドクシボグモ	41匹

最大の昆虫は？

ライバルはほかにもいるものの、最大の羽をもつのは**ヨナグニサン**（与那国蚕）とよばれる蛾の一種。羽を広げると**幅が25cm**、**面積が400cm²**になる。

ヨナグニサンは大人の人間の手よりはるかに大きい。

メスの太い腹部には卵の製造工場がある。

ジャイアント・ウェタ

ニュージーランドにすむジャイアント・ウェタは、コオロギやバッタに似た外見だが、ウェタという昆虫の仲間で、最重量の昆虫といわれている。植物の根や茎をかみきり、ネズミほどの大きさに成長する。最大のものは重さ70gにもなり、ハツカネズミ３匹分にあたる。

「ヨナグニサン」*は和名で、「アトラスガ」とか、中国語では「皇蛾」ともよばれる。インドから東南アジア、中国、台湾、日本にかけて幅広く分布する、羽の面積が最大の昆虫だ。これに対し、中央アメリカと南アメリカにすむナンベイオオヤガは、羽を広げた長さでは、約30cm以上で最大となる。

*日本の与那国島で最初に発見されたことから名づけられた。

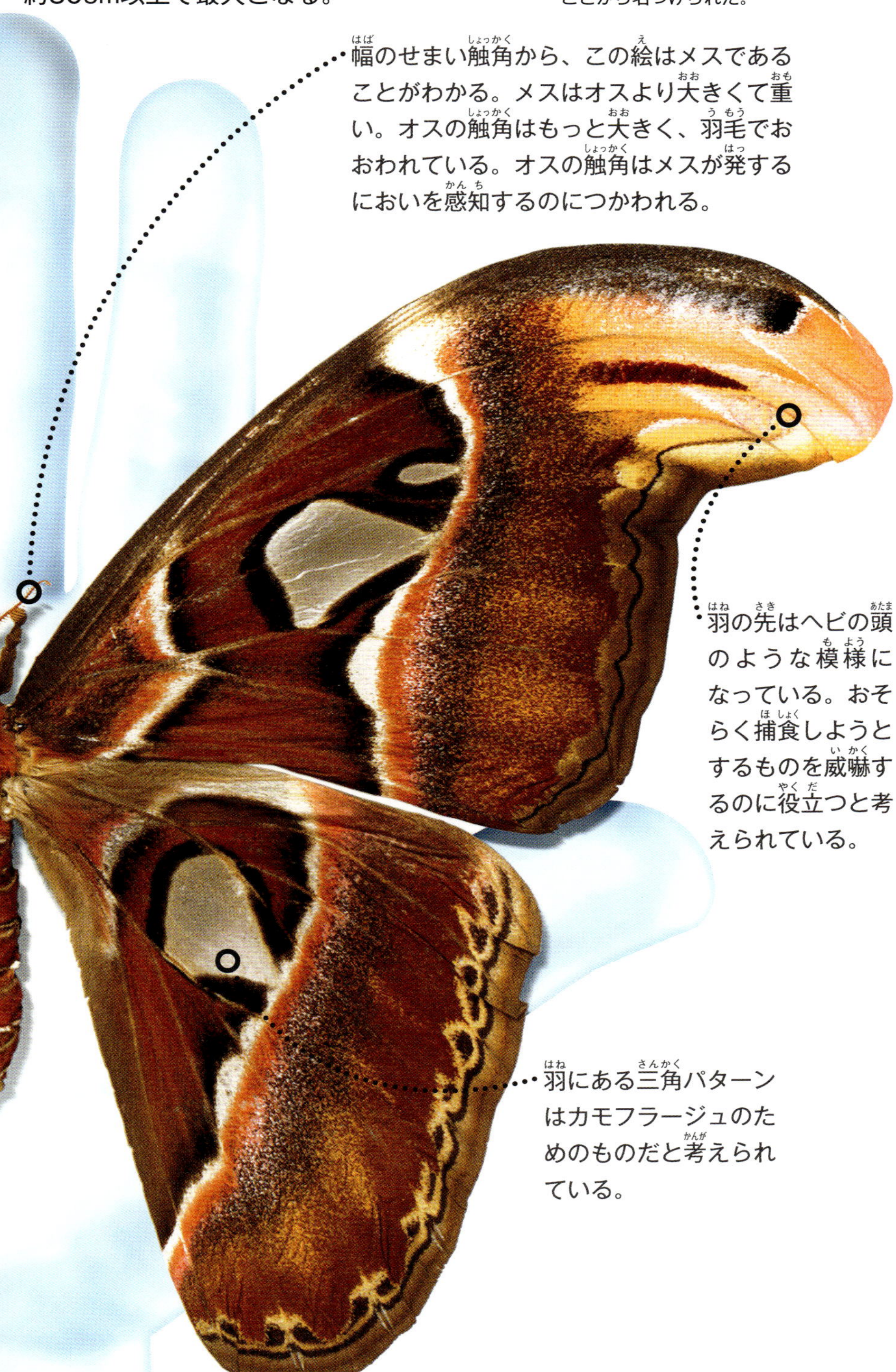

幅のせまい触角から、この絵はメスであることがわかる。メスはオスより大きくて重い。オスの触角はもっと大きく、羽毛でおおわれている。オスの触角はメスが発するにおいを感知するのにつかわれる。

羽の先はヘビの頭のような模様になっている。おそらく捕食しようとするものを威嚇するのに役立つと考えられている。

羽にある三角パターンはカモフラージュのためのものだと考えられている。

はやわかりリファレンス

「生存する最大の昆虫」として、ほかにも下のようなライバルがいる。

南アメリカの熱帯雨林にすむタイタンオオウスバカミキリは、体長が16.5cmにまで成長するといわれる。クマネズミほどの体長があり、あごでえんぴつを二つ折りにしてしまう。

クマネズミ

タイタンオオウスバカミキリ

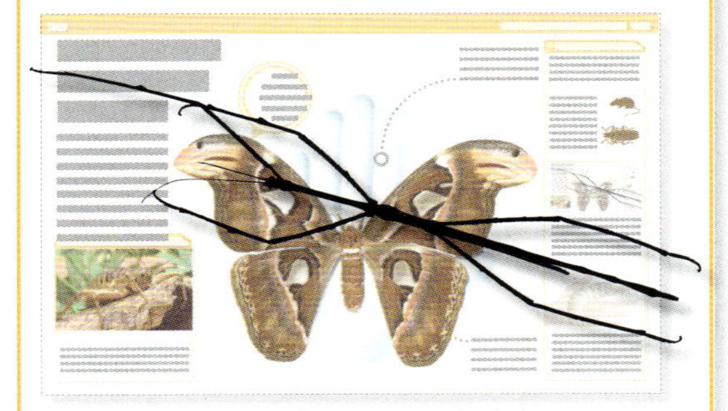

ナナフシは昆虫の一種。体長がとても長い。マレーシアのボルネオ島にすむチャンズ・メガスティックは記録破りで、脚をのばすと56.7cmになるものもいる。この本の見開き分より長い。

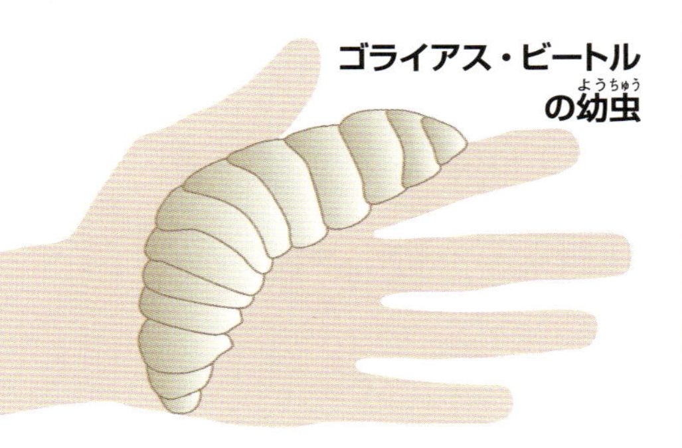
ゴライアス・ビートルの幼虫

アフリカにすむゴライアス・ビートルの幼虫は、大きさと重さでは最大といわれている。全長は13cm、重量は100gもある。

史上最長の翼は？

最大の飛行生物は、ケツァルコアトルスとよばれる**翼竜**。6,800万年前に、陸の**恐竜**の頭上を飛んでいたと考えられている。最大のものは**翼を広げた長さ**が**10m以上**におよんだ。

ケツァルコアトルスの翼を広げた長さをほかの巨大な鳥と比べてみた。

ケツァルコアトルスは、6,800〜6,600万年前に生息していた。片方の翼の先からもう一方の先まで10mの長さがあった。

アルゲンタビスは600万年前に生息した鳥で、翼を広げた長さ7mは、飛行する鳥のなかで史上最長。

ノガンは現生最重量の飛行する鳥で、翼を広げた長さは2.5m。

ワタリアホウドリは現生するあらゆる鳥のなかで、3.5mという最長の翼のもちぬし。

ケツァルコアトルスの胴体と首はとてもうすくて軽い。翼を広げると10mになるわりに体重は少ない。250kg未満だと推測される。

タイガー・モスの翼長は8.9m。イギリス海軍の2人乗り練習機として1930年代に設計された。現代でもよく知られる人気の小型機だ。

巨大な鳥

テラトルニスはコンドルに似た古代の鳥だが、コンドルより大きく、体重も重かった。また、近い仲間のアルゲンタビスも巨大で、人間1人と同じぐらいの体重があった。

マメハチドリは体長がたった4～6cmで、えんぴつの上にとまることができる。

オスのマメハチドリは頭からのどにかけてつやのあるピンク色をしていて、メスより少し小さい。

はやわかりリファレンス

実際の大きさ

マメハチドリは、クモの巣のかけらや、木の皮、コケなどを集めて、直径2.5cmほどのおわん型の巣をつくる。洗濯バサミの上に巣をつくることもあったという。卵はエンドウ豆よりも小さい。

反対に、空を飛べる鳥で最も重いのはノガン。体長はオスが100cmほど。メスは80cmほどでオスより小さい。オスの体重は20kg近くになる。6歳ほどの子どもの体重と同じだ。

現在生息する最重量の鳥であるダチョウの体重は、大人の人間の2倍ほどだ。しかし、17世紀ごろまでは、エピオルニス(ゾウドリまたはエレファント・バードともよばれる)というダチョウに似た鳥がアフリカのマダガスカル島に生息していた。体重はダチョウ3羽分ほどだったという。

ヤリハシハチドリ

すべてのハチドリが小さいわけではない。大きいものにヤリハシハチドリがいる。くちばしだけでもマメハチドリ2羽分の長さがある。

マメハチドリは小さいがよく動く鳥だ。1秒間に翼を80回もはばたかせて空中停止(ホバリング)する。そのとき心拍数は1分間でなんと1,220回にのぼる。この動きを生みだすためにマメハチドリは、10～15分ごとにえさを食べる。毎日体重の半分ほどの量の花のミツや昆虫、クモなどを食べる。

最小の鳥は？

キューバにすむ**マメハチドリ**は**体長が4～6cm**で、オスがメスよりやや小さい。**体重2g**ほどで、鳥類のなかで最小、最軽量。

最大の卵を生むのはどの鳥？

絶滅した**エピオルニスの卵**は、**全長30cm**もあった。エピオルニスは、17世紀ごろまで**マダガスカル島**にすんでいた。

はやわかりリファレンス

エピオルニスの卵は、大部分の恐竜の卵より大きい。竜脚下目(最大の恐竜)の卵でも、全長20cm以上のものはない。(ただし、最近になって中国で、オヴィラプトルに似た2足歩行の恐竜の巨大な卵が発掘された。)

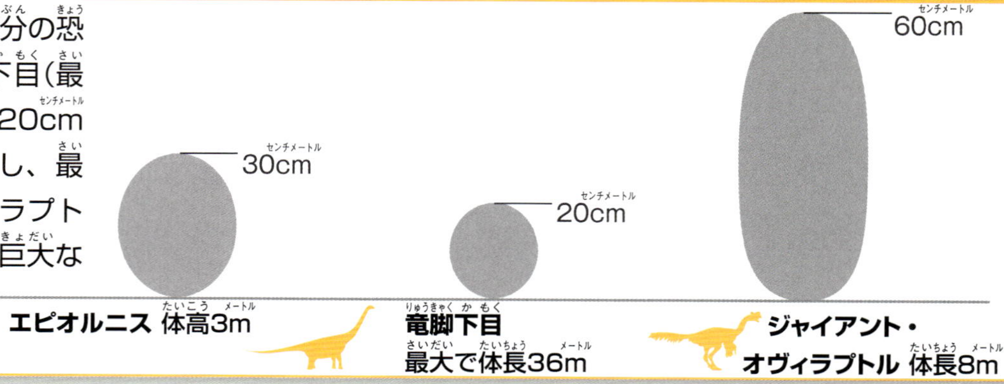

エピオルニス（エレファント・バード）は17世紀に絶滅した。しかし、かけらではあるが、卵のからが現存している。むかしの調理場近辺でかけらが見つかっていることから見ると、当時の人々はエピオルニスの卵を食べていたようだ。

中身の量で比べると、エピオルニスの卵はニワトリの卵200個分、またはダチョウの卵11個分にあたる。

エピオルニスの卵のからは厚さが3.8mmあり、250kgほどの重量にたえられる。

ダチョウ

世界最大の鳥であるダチョウは、卵も最大だ。重さは平均して1.4kgあり、ニワトリの卵の20個分以上ある。でも、母鳥の体の大きさに比べると小さい。

エピオルニス

アメリカムシクイ

ウミバト

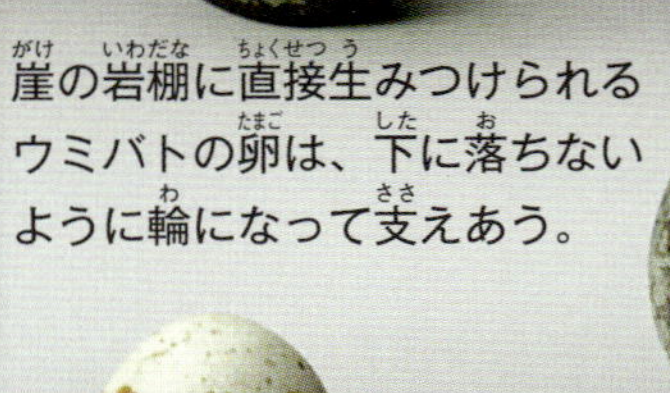

崖の岩棚に直接生みつけられるウミバトの卵は、下に落ちないように輪になって支えあう。

オオウミガラス

ハシボソガラス

シャクシギ

ハイタカ

カッコウ

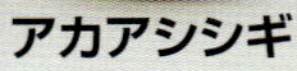

アカアシシギ

キーウィの卵

キーウィは自分の体の大きさに比べて最大の卵を生む。１つの卵は、母鳥の体重の５分の１にもなることがある。

鳥はどこまで遠く飛べる？

オオソリハシシギは、**例年の渡り**の時期にアラスカからニュージーランドまで**無着陸で１万1,686km**を飛んだことが追跡記録されている。

はやわかりリファレンス

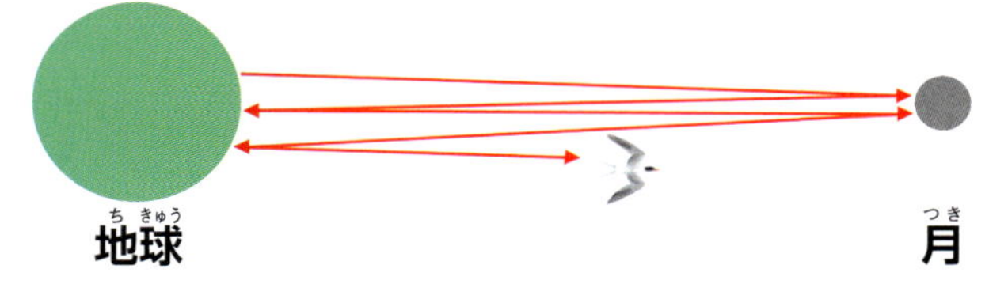

キョクアジサシは毎年、北極から南極まで往復の渡りをする。その間、７万900kmの距離を飛んだアジサシが記録されている。このアジサシは、一生30年のうちに210万km、地球から月まで２往復以上飛ぶことになる。

グライダー 3,009km

定期旅客機（記録挑戦用のボーイング777特別仕様機） 21,602km

ブライトリング・オービター気球 40,814km

ヴァージン・アトランティック・グローバルフライヤー 41,467km

特別仕様の旅客機は、どの鳥よりも遠くまで飛べる。上の４つは、さまざまな航空機による、人類の無着陸飛行記録だ。

太平洋のオオソリハシシギは毎年３月に、ニュージーランドから北へ向かって飛びたつ。途中、中国でえさを食べて体に蓄え、５月にアラスカに着いて巣づくりをする。ニュージーランドへ帰るのは、まっすぐでどこにもよらない旅になるという専門家もいる。

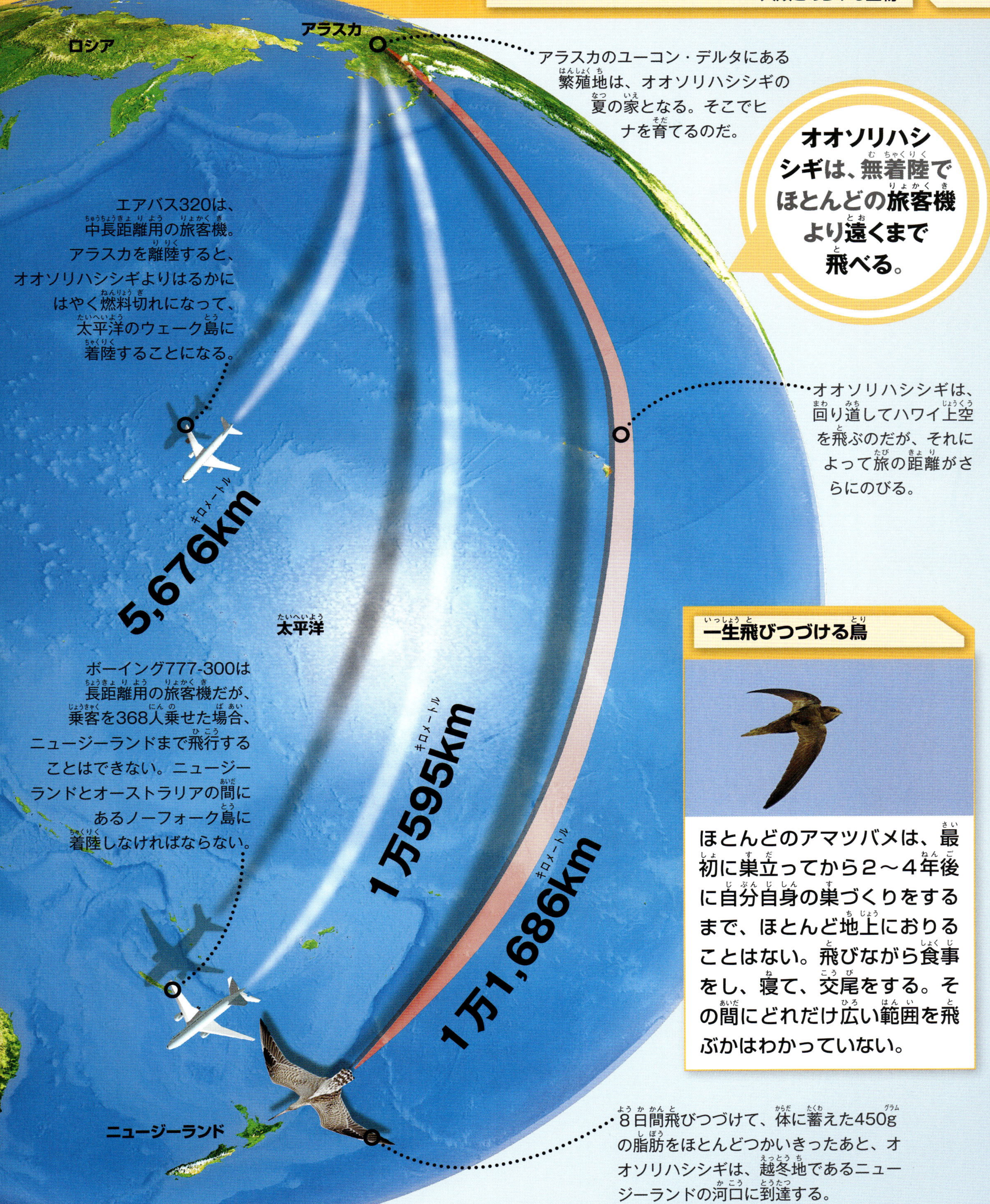

一生飛びつづける鳥

ほとんどのアマツバメは、最初に巣立ってから2～4年後に自分自身の巣づくりをするまで、ほとんど地上におりることはない。飛びながら食事をし、寝て、交尾をする。その間にどれだけ広い範囲を飛ぶかはわかっていない。

最古の樹木は何歳？

生きている樹木で、世界最古のものは、およそ紀元前3050年に誕生、すなわち、樹齢が5,070年という、アメリカ・カリフォルニア州のホワイト山脈にあるグレートベースン国立公園内のヒッコリー松だ。

1804年
最初の蒸気機関車がつくられる。

700年代
ヴァイキングがヨーロッパを襲いはじめる。

最古のヒッコリー松は、人類の歴史をすべて見てきた。

紀元前432年
ギリシャでパルテノン神殿が建設される。

最古の種子

1960年代のイスラエル・マサダで、ヘロデ王の宮殿が発掘された。その際、考古学者たちが、少なくとも2,000年前のものと思われるユダヤナツメヤシの種子を発見。2005年にそのうちの１つの種子を発芽させるのに成功し、ケチュラ・キブツに植えつけた。その木は、旧約聖書のなかで最も長生きしたとされる人物にちなんで「メトセラ」と名づけられた。

世界最古の樹木が種子から発芽したころ、人類は文字をもたず、絵や記号をつかって記録を残した。そして、まもなく古代エジプト文明がはじまった。

紀元前3050年ごろ
樹木の種子が発芽する。

はやわかりリファレンス

地中海の海草ポシドニアの巨大なコロニー*は、10万年生きているという。地球最古の生命体かもしれない。

＊同一かいくつかの種で１つの地域に定着した生物集団。

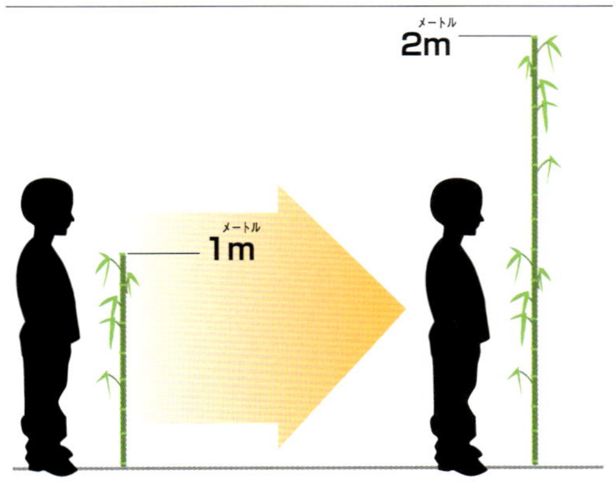

竹は１日１m以上成長する。ほかのどの植物よりもはやい。

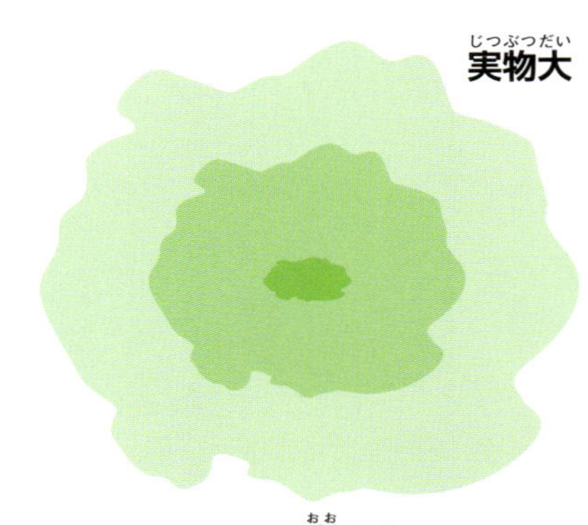

地衣類は、半分植物で半分菌類の生命体である。岩や樹木の表面で、かたまりとなって成長する。あるものは数千年間生きるが、成長の度合いは１年で数mm程度だ。

最も長生きする動物は何歳？

海洋性のホンビノスガイという二枚貝は、500年以上生きる。さらに長く生きる海綿動物がいると考える科学者もいる。

古代の海綿動物

海綿動物の年齢を特定するのは難しいが、カリブ海にすむジャイアント・バレル・スポンジ（左の写真）は長寿で、2,300年も生きているものがあるといわれる。大西洋にすむガラス海綿は、1万年以上生きるかもしれないといわれている。

海洋性のホンビノスガイは、アジアゾウのおよそ6倍長生きする。

はやわかりリファレンス

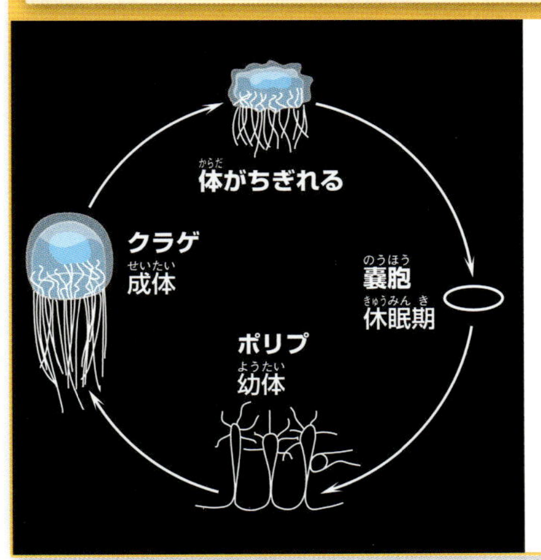

指のつめほどの大きさのベニクラゲの体は、再生することができるため、「不死のクラゲ」として知られている。成体のクラゲは幼体のポリプとして再生し、再度生活環をはじめる。食べられるか病気で死なないかぎり、この過程をくりかえす。

海洋性のホンビノスガイ
507年

貝にきざまれた年輪によって、どれだけ古いかがわかる。

アルダブラゾウガメ
255年

最長寿のアルダブラゾウガメの年齢は甲羅を放射性炭素年代測定法で測定したもの。

ホッキョククジラ
211年

生命体のデータ

地球上の生物

地球上にすむ生物のうち、哺乳類、鳥類、爬虫類、両生類、魚類は**脊椎動物**で、生物全体の3%ほどだ。残りの97%は**無脊椎動物**となっている。

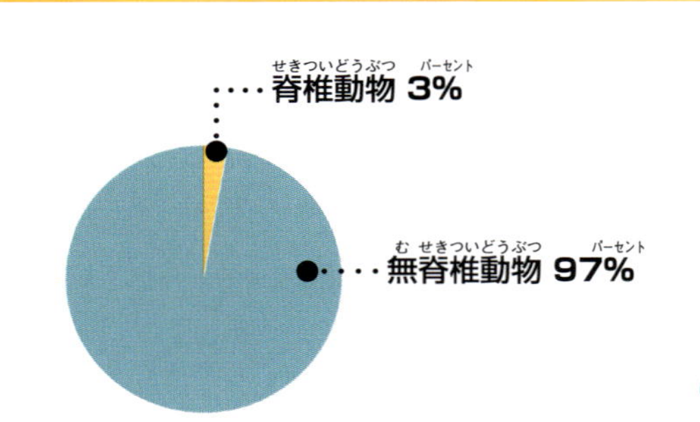

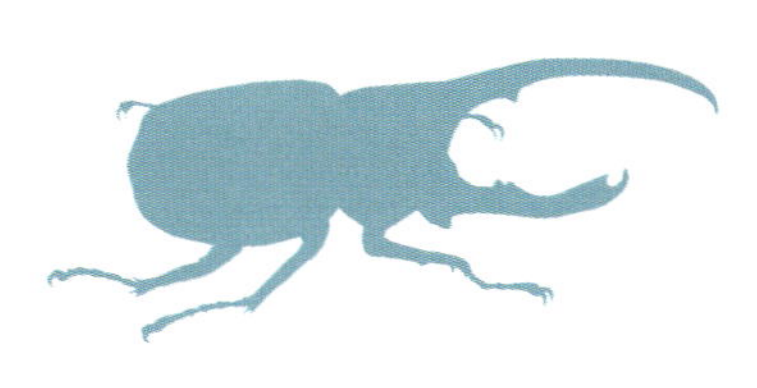

これまで名前がつけられているすべての動物種のうち、4分の1近くは**カブトムシなどの甲虫類**が占め、その数およそ**40万種**といわれている。哺乳類は6,000種未満とされている。

最大

最大の陸上動物の多くは人間より大きい。

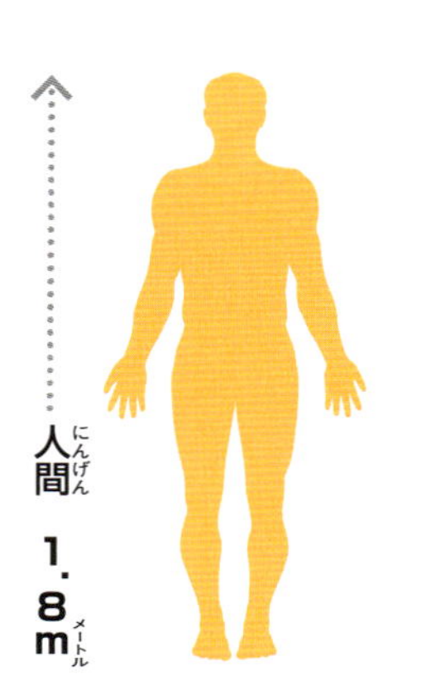

人間 1.8m

最大の鳥類 ダチョウ 2.75m

最大の陸上動物 ゾウ 4m

最も身長の高い動物 キリン 6m

飛行する鳥

鳥の翼の形は、飛び方によって決まっている。広い空間を飛行する鳥は、滑空や上昇に適した長い翼をもっている。植物が密生した地域にすむ鳥類は、すばやい飛び方ができるように翼は短い。

高速飛行
すばやく羽ばたくための短く軽い翼

急激な飛びたち
力強い翼

滑空
海風をとらえるための長い翼

よらば大樹の陰

1889年、**5,000km²**に広がるバッタの群れが中東の紅海を横断した。そのバッタの数は**2,500億**といわれ、総重量はおよそ**45万t**になると推定されている。

アフリカのコウヨウチョウは、地球上で**最多**の野生種の鳥類で、巨大な群れをつくる。つがいの数は、15億(個体数は30億)におよぶ。

シロアリの塚には、多ければ

300万個

の個体が入っている。
これまでに発見されたうちで
最大のシロアリの塚は

12.8m

の高さだった。

アルゼンチンアリは**巨大な集団**をつくって生活している。
最大のコロニーの1つはヨーロッパの地中海ぞいにあり、

6,000km

の長さに達すると見られている。

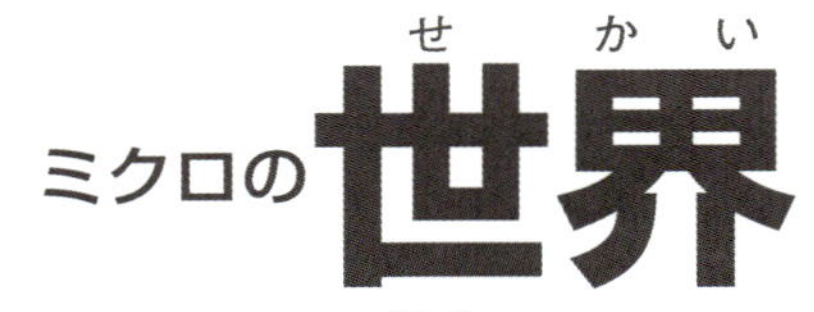

1グラムの土のなかには、**4,000万個のバクテリア**が存在している。

上昇
上昇温暖気流に乗って、ゆるやかに上昇するための広い翼

急激な転換飛行
急激な方向転換のための、短くてカーブした翼

樹木と植物

世界**最高の樹木**は、アメリカ・カリフォルニアの**ジャイアント・セコイア**(⇒p100)。なかでも最高のものは、「ハイペリオン」と名づけられた木で、**115m**以上あった。その高さは、自由の女神の2つ半にあたる。

コンブ科の巨大な海藻**ジャイアント・ケルプ**は、1日で**30cm**以上成長するものがある

東南アジアの貴重な植物であるラフレシア・アーノルディは「死体花」として知られる。直径およそ1mになる花は、おそらく最も強いにおいがする。くさった肉のような悪臭を放つ。

最小の顕花植物は、ウォルフィア。その大きさは、直径**0.1〜0.6mm**。

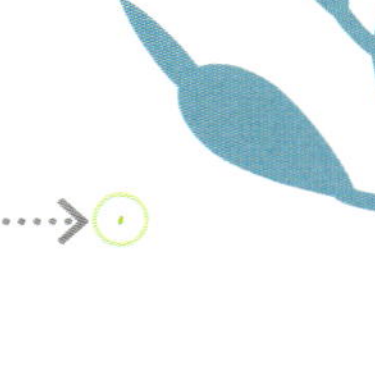

ウォルフィア(実物大)

最速のランナーは？

100mを10秒以内で走る高速ランナーは、たいていスタートから60～80mのあたりでトップスピードになる。このトップスピード（時速43kmほど）をはじめから最後まで保つことができたら、100mを8.4秒で走れるかもしれない。

地上最速のランナーは**チーター**だが、走るのはほんの短い距離だ。**馬**はそれほど**はやくはない**が、つかれずに**長い距離**を走ることができる。

最高速度で走れば、チーターは100mをおよそ3秒でかけぬける。

水の上を走る

セビレトカゲは敵からにげようとして池や川の水面を走る。およそ時速6kmのスピードで走れば、沈まずに20mの距離を進むことができる。

競走馬のサラブレッドは、2ハロン(0.4km)を時速70kmでかけぬける。このスピードなら、馬は100mを5.15秒で走れることになる。
時速70km
時速115km
チーターは獲物を捕獲するために信じられないほどのスピードで走る。しかし追いかけるのは30～60秒ほどで、そのあとはぐったりしてしまう。
はやわかりリファレンス
チーターが高速で走れるのは柔軟な脊柱があるからだと考えられている。ネコ科の動物は、最初の1歩をふみだすときに脊柱をかがめ、後ろ脚を前脚の前に出す。チーターは後ろ脚で地面をけると脊柱がのび、長い歩幅が可能となる。
カタツムリ 0.01
ネズミ 13
リス 21
ゾウ 40
人間 43
家ネコ 48
グレイハウンド 69
アフリカライオン 89
プロングホーン 100
最高速度 km／時
カタツムリは動きまわるのにかなり時間がかかる。家ネコはすばやい。そのすばやさで走りつづけることができたら、オリンピックの短距離走者に勝てるかもしれない。

一番遠くまで跳べる動物は？

滑空する動物

跳躍でなく、滑空することで長い距離を飛ぶ動物がいる。たとえば、オーストラリアのフクロモモンガは、前脚と後ろ脚の間の皮膚を広げて、樹木から樹木へと最大で50mほどを滑空できる。

中央アジアの**ユキヒョウ**は、**1回に15m**以上、ほかのどの動物よりも**長い距離を跳ぶ**ことができる。

9m

4.5m

8.95m

トビネズミは長い後ろ脚をつかって、自分の体の45倍の距離を跳ぶ。

はやわかりリファレンス

ノミは体の大きさとの割合で見れば、地球上で最長距離を跳ぶ生物だ。体長がわずか1.5mmしかないにもかかわらず、その220倍にあたる33cmの距離をはねる。寄生生物のノミは、人間をはじめ、哺乳動物に寄生して血をすって生きる。

ノミが身長1.8mの人間の大きさになったとすると、3つのサッカー場をならべた端から端まで跳べることになる。

ユキヒョウは1回の跳躍で大型の乗用車7台を楽に跳びこえる。

アカカンガルーが跳躍するとき、時速56km以上のスピードになる。

人間の走り幅跳び男子世界記録は、1991年にアメリカのマイク・パウエルによって達成された。

15m

ユキヒョウは山岳地帯に生息し、獲物である野生のヒツジやヤギを捕獲するために跳躍する。

最速の飛行生物は?

水平飛行であれば、ハリオアマツバメが最速の鳥だ。最高速度は、時速170kmに達する。

ハリオアマツバメはアマツバメの一種で、この種類の仲間は、ほとんどの時間を高い空ですごし、ときどき虫をつかまえるために地上(岸壁など)におりてくる。ハリオアマツバメはシベリア、中国、日本で繁殖し、オーストラリアなどの南の国へと、長距離を移動する。

急降下の速度

ハヤブサの急降下はほかのどの鳥よりもはやい。空高くのぼって獲物をさがし、カモやハトにねらいを定めると、翼をたたみ、まっさかさまに急降下する。その速度は時速300km以上に達すると推定されている。最後の瞬間、かぎづめをのばして獲物をつかむ。

はやわかりリファレンス

カモやシギ・チドリ類は、地上ではよたよた歩くが、空を飛ぶスピードははやい。ヨーロッパジシギは最速の渡りの記録をもっている。アマツバメは地面におりると、脚で歩いたり、羽ばたいて飛びたったりできない。

鳥類は最速の飛行する生物だ。ほかの生物のなかではオヒキコウモリが最速で、虫のなかではトンボが最速だ。

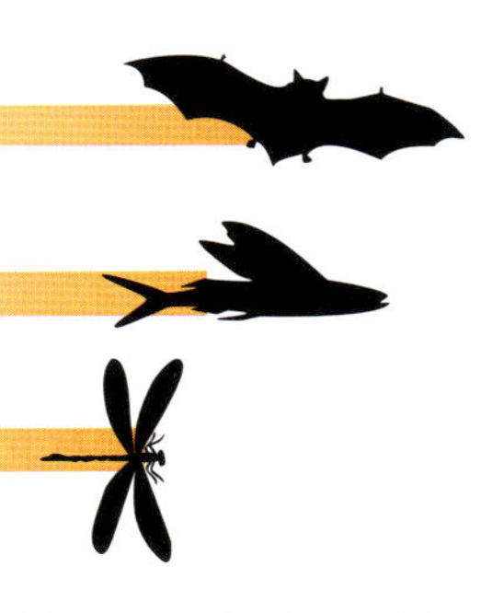

メキシコオヒキコウモリ
時速64km

トビウオ
時速60km

トンボ
時速50km

最速のスイマーは?

バショウカジキという魚は、**競泳用50mプールを1.6秒**で泳ぐことができる。**人間**の最速記録の**13倍**のスピードだ。

魚類	時速
バショウカジキ	時速110km
マカジキ	時速80km
クロマグロ	時速71km
ヨシキリザメ	時速69km
メカジキ	時速64km

最速のスイマーは魚類だ。なかでも最速はバショウカジキで、第2位のマカジキより、なんと時速にして30kmもはやい。

動物	時速
イシイルカ	時速56km
カリフォルニア・アシカ	時速40km
タコ	時速40km
ジェンツーペンギン	時速36km
オサガメ	時速35km

最速の魚類の5位まではおよばないが、はやく泳げる動物もいる。魚は、はやく泳ぐための筋肉をもち、姿も泳ぎに都合のよい流線型をしている。

時速8.6km

オリンピック競泳選手がトップスピードを保てるのは、わずかに50mぐらいだという。

長距離のスイマー

ホッキョクグマは長い距離を泳ぐことができる。あるホッキョクグマが、およそ10日かけて675kmも泳いだのを科学者たちが追跡記録した。そのホッキョクグマは、食べたり寝たりするのにも止まることはなかったという。

時速108km

最速のジェットスキーは、オリンピック競泳選手のおよそ12.5倍のはやさで水の上を疾走する。

バショウカジキはジェットスキーよりはやく、時速110kmで水中を突進する。

時速110km

バショウカジキは大海原の捕食者だ。そのスピードと大きな背びれを利用して魚の群れを1か所に追いつめ、長いくちばしをつかって獲物をかききる。

どれだけ深くもぐれる？

10kmの深さの**海溝の底**で生きることができる生物がいる。**空気呼吸**をする動物のなかにも、息を止めて、**2,388mまでもぐる**ことができるものもいる。

ハコクラゲ
0.3～4m

ダイオウイカ
1,000m

ホホジロザメ
100m

ホウライエソ
1,500m

カグラザメ
1,800m

ダンボオクトパス
7,000m

ウニ
1万710m

端脚類*
1万500m

1,000m
4,000m
6,000m
1万1,000m

＊甲殻類のエビなどの仲間。

海の生物のほとんどは、空気からではなく海水から酸素を取りこむ。ウニや、エビなどの端脚類は、海の最深部にすむことができる。

発光する生物

深海にすむチョウチンアンコウは、体の一部が変化した触角が頭からのびていて、その先が深海の暗やみのなかで光る。その光が疑似餌（えさに似せたもの）となって、小魚やエビをおびきよせる。それらを大きくあけたあごで捕食する。

はやわかりリファレンス

スキューバダイビングでの最大深度の世界記録は332mだが、これは一般のダイバーがもぐれる深さよりはるかに深い。40mをこえると、呼吸に危険がともなうので、それ以上深くもぐる熟練ダイバーは、ヘリウムと酸素の混合気をふくむ特別調合のエアーをすう。それでもふつうは水深100m以上にはもぐらない。

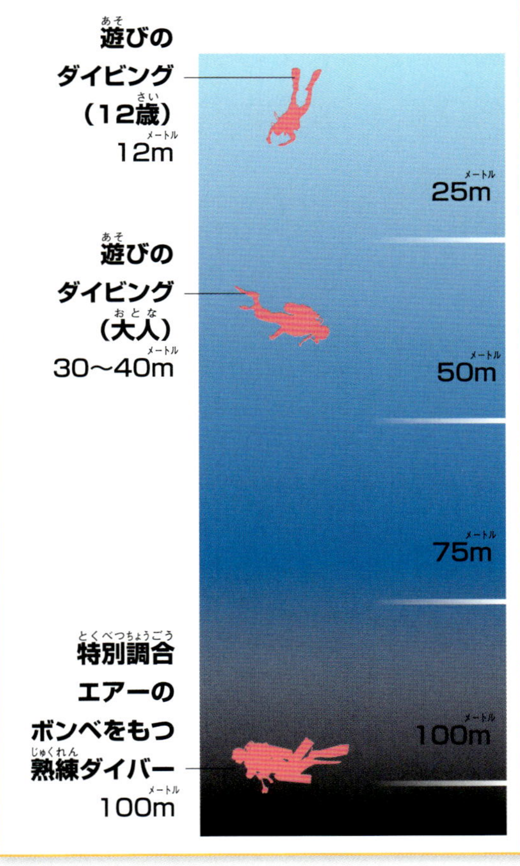

空気呼吸をする生物は水中で息を止めなければならない。空気呼吸をして最深までもぐる生物はミナミゾウアザラシで、血液中の酸素をつかって１回に100分以上もぐることができる。

アリの強さは?

ふつうの大きさのアリの体重は**0.003g**ほどだが、**0.15g**の重さのものを**運べる**。これは、**自分の重さの50倍**にあたる。

人間がアリほど力もちだったら、自動車を3台ももちあげられる。

アリは下あごでものをくわえて運ぶ。あごはとても強く、切ったり、つぶしたり、戦ったり、ほったりするのにつかわれる。

このハキリアリは0.75cmほどの体長だが、自分よりはるかに大きな木の皮を運んでいる。

ヒョウの強さ

ヒョウはアンテロープなどの大きな獲物をしとめると、ハイエナやほかの腐食動物*から遠ざけるために木の上に引っぱりあげる。オスのヒョウはときには小さなキリンなど、自分の体重の3倍、体長6mぐらいまでの獲物を引っぱりあげることができる。

*死体やゴミなどを食べる動物。

アリが力もちなのは、体の大きさに対して筋肉が大きいからだ。物理学的に考えると、もし体長が2倍になった場合、筋肉の強さが4倍になる一方で、体重は8倍になる。そうすると、アリの力は実質半分になってしまう。

体重80kgの人間が体重の50倍もの重さ、すなわち4tをもちあげられるとしたら、3台分の自動車をもちあげられることになる。

はやわかりリファレンス

ハツカネズミ6匹

ツノフンコロガシ

オスのツノフンコロガシは、ライバルのオスを巣穴から押しだす。ツノフンコロガシは自分の体重の1,141倍もの重さを引いたという実験もある。それは重さ20gのハツカネズミ6匹を引くのと同じぐらいの力に匹敵する。

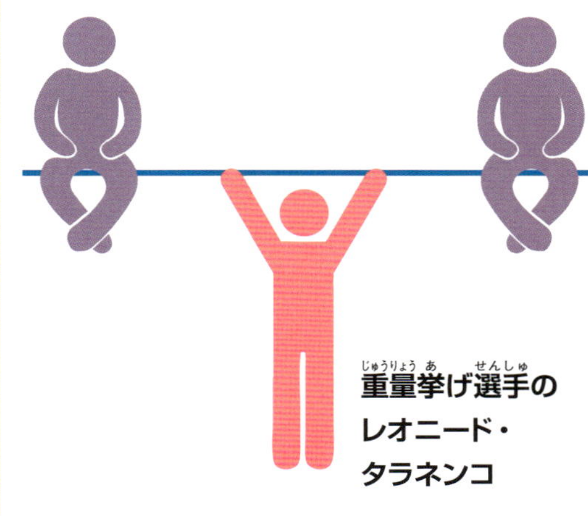

重量挙げ選手のレオニード・タラネンコ

重量挙げの最高記録は266kg。ロシアのレオニード・タラネンコの1988年の記録は、自分の体重のほぼ2倍だった。女性の重量挙げ最高記録はロシアのタチアナ・カシリナが記録した193kg。

動物のデータ

長距離の移動

9,700km

オサガメは、えさ場であるアメリカ・カリフォルニアから繁殖地であるインドネシアまで、片道**9,700km**の太平洋を泳ぐ。

5,000〜7,000km

ヨーロッパの**ウナギ**は、サルガッソー海にある繁殖地まで**5,000〜7,000km**を移動する。

3,200km

オオカバマダラは毎年、南カリフォルニアからメキシコの間の平均**3,200km**を飛行する。

大群の移動

アフリカのセレンゲティ平原では、毎年**150万頭以上のヌー**が新鮮な草地を求めて往復**2,900km**もの距離を移動する。数にして**25万頭**、割合で**17%**ほどが途中で死んでしまうという。

アフリカの最大規模の移動は、毎年秋におこる。およそ**800万匹のオオコウモリ**が、熟した果実を求めて、コンゴ民主共和国から隣国のザンビアまで飛行する。

敏感な動物

▶ ホホジロザメは、最大で5km離れた水中の血のにおいを感知する。また、

100L

の水のなかのたった1滴の血のしずくをかぎわけられるといわれている。

▶ タマムシは赤外線センサーをもち、最大で80km離れた森林火災を感知するといわれる。

火災に向かって

飛び、焼けた木の幹に卵を産みつける。

▶ アザラシはあらゆる哺乳動物のなかで最も敏感なひげをもち、100m以上離れたところで泳ぐ魚を感知することができる。

▶ マムシの熱感知器官は、わずか

0.002℃

の温度差を感知することができる。

トビウオ

トビウオは水の上を最長で**200m**飛行することができる。それは2面のサッカー場の長さにあたる。

キラー生物

▶ **ハコクラゲ**のトゲは、すぐに適切な処置をしないと、ほとんどの場合、致命傷となる。そのトゲによって、過去60年で**5,500人以上**の人が死んだ。

▶ **キングコブラ**の毒は、大人の人間を**15～30分**で死なせることができる。

▶ **マダライモガイ**の毒は、人間**20人**またはゾウ１頭を殺すことができる。

最速の羽ばたき

ハチドリには最高**１秒間で80回**、翼を羽ばたくことができる種類がいる。そのはやさでうなり音が生じる。

ヘビはどのように進む

ヘビは地面をすべるように進むが、すべてが同じように動くというわけではない。いくつかの動き方がある。

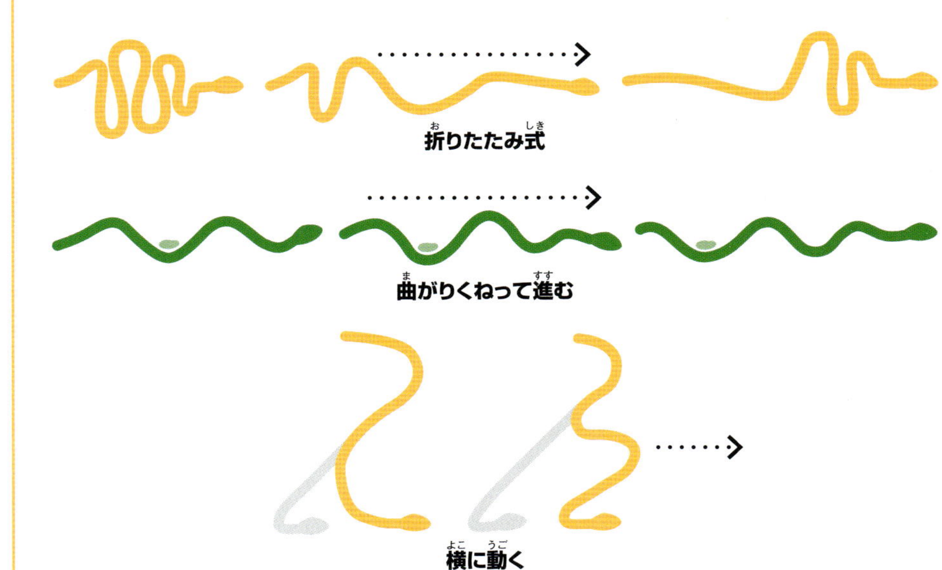

動きのおそい動物

チーターが**時速110km**で走ることができる一方で、ほかのいくつかの生物は移動するのにかなり時間がかかる。

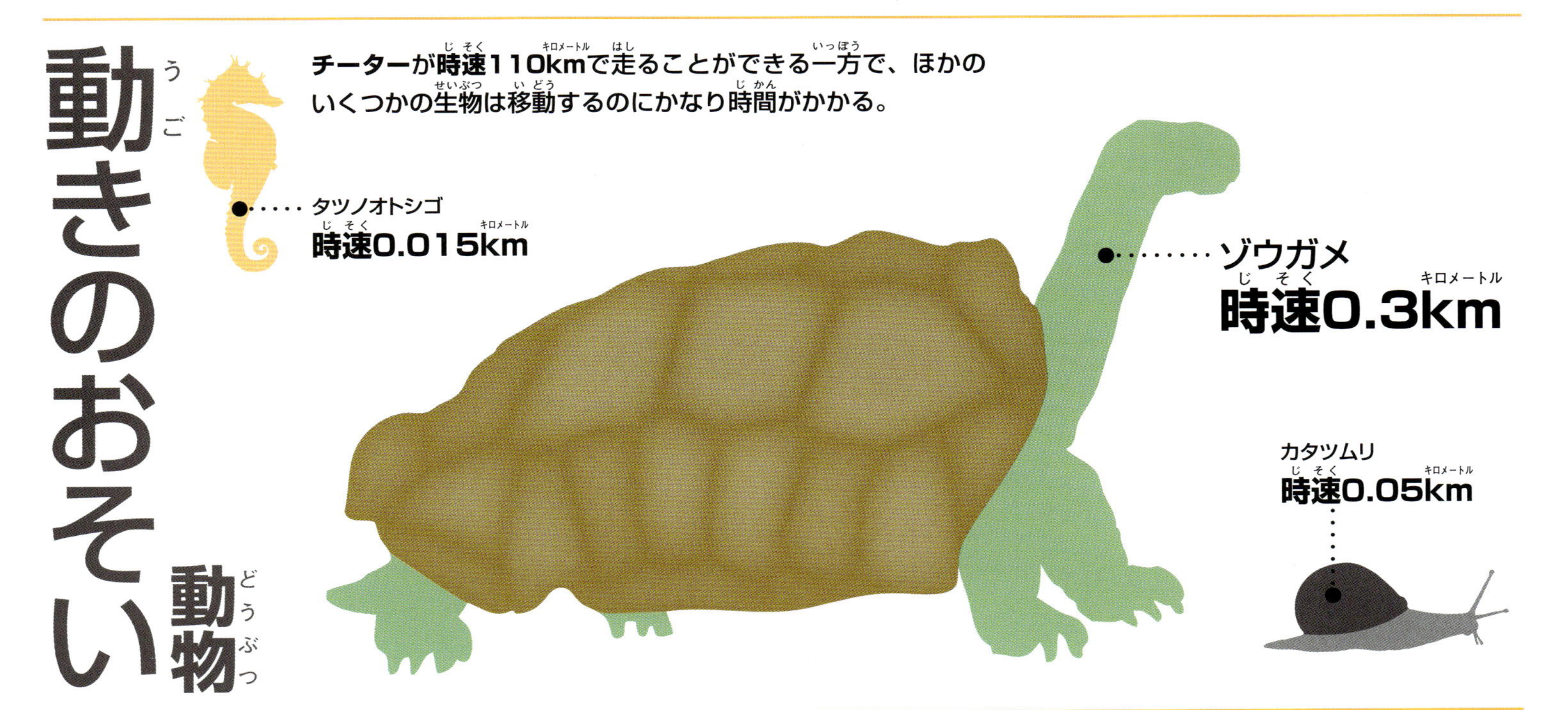

6m

200m

時速70kmで、空中に**45秒間**とどまることができ、高さは**6ｍ**に達する。

ここまできている先端技術

人間は発明をくりかえし、新しいものを創造してきた。最新の工学はすでにものすごいロケットや超高速のスポーツカー、空高くそびえたつ超高層ビル、スーパーコンピュータなど、さまざまな最先端技術を生みだした。

アラブ首長国連邦のドバイにあるパームアイランドは、最先端科学が結集してつくられた世界最大の人工島だ。写真のパームジュメイラは巨大なヤシの木の形をしていて、面積は約5km^2あり、サッカー場が800個入る大きさだ。

最速の自動車は？

モータースポーツで最速の自動車は、トップフューエルのドラッグスター（ドラッグレース専用車両）だ。スタートから**4秒未満**で**時速530km**に達する。

時速185km

これは一般の乗用車だが、フォーミュラ1（F1）のレースカーの半分程度の速度を出すことができる。

時速372.6km

F1の最速記録は、2005年のイタリアのF1グランプリ（予選）で、コロンビア出身のドライバー、ファン・パブロ・モントーヤによって達成された。

アメリカのライバル車

ヘネシー・ヴェノムGTは、一般道路を走るブガッティの最速ロードカーの座をねらっている。ゼロから時速300kmまでの加速、13.63秒は世界記録だ。最高速度は時速428kmに達しており*、ヴェイロン（右）よりわずかにおそいだけだ。

＊一般道での記録ではない。

時速431.1km

はやわかりリファレンス

速度自慢のあらゆる自動車は、記録を破るために設計されたものだ。記録に挑戦するとき、自動車は直線コースを走ってタイムを計測する。ジェットエンジン推進やロケットエンジンの自動車により、1960年代から記録がどんどんぬりかえられてきた。その一方、ちがうタイプの車両、たとえば風力によるものなどの記録も存在する。

風力発電車
グリーンバード　時速202.9km

量産型市販車
ブガッティ・ヴェイロン　時速431.1km

オートバイ
アック・アタック　時速605.7km

車輪駆動
ヴェスコ・タービネーター　時速756.7km

ジェットエンジン推進
スラストSSC　時速1,228km

「トップフューエル」とは、ドラッグレースで使用される車のクラスのこと。このクラスの車は、特別な高出力混合燃料を使用し、長さ300～400mの直線コースでレースがおこなわれる。ゼロから時速160kmまで加速するのに1秒未満。止まるときにはブレーキの補助として後ろでパラシュートを開く。

時速530km

ドイツのフォルクスワーゲンのグループ会社が製造したブガッティ・ヴェイロン・スーパースポーツは、公道を走る人のために生産された市販車(限定300台しか製造されなかった)。ゼロから時速100kmまで加速するのに2.46秒という。

最速のドラッグスターの速度は、F1の最速レース車より時速にして160kmもはやい。

上海トランスラピッドは、30kmを8分足らずで走る。

蒸気機関車

最初の列車は蒸気機関車だった。史上最速の蒸気機関車はイギリスのマラード号で、時速203kmを記録した。これは1938年7月3日、グランサムにあるストーク・バンクとよばれる下り坂で樹立された。

はやわかりリファレンス

磁気浮上型リニアモーターカーの最高速度は日本の試験運転車MLX01が達成した。有人のロケットスレッド[*1]は、さらにはやい速度を出している[*2]。

＊1 レールの上をロケット推進のソリ状の乗りもので走らせる装置。

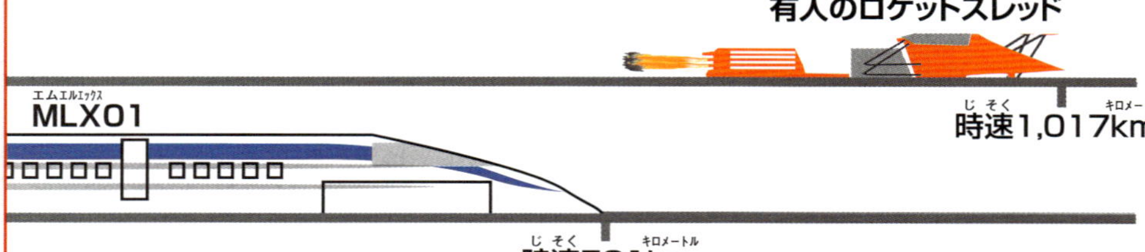

有人のロケットスレッド

時速1,017km

MLX01

時速581km

＊2 無人での最高速度は、2003年4月30日にマッハ8.5(時速10,325km)を達成している(ホロマン空軍基地)。

時速270km

黄色い車体のTGV La Posteは、世界最速の貨物列車だ。フランス・パリからの郵便輸送に利用されている。

最速の列車は？

現在運行している、**世界一はやい列車**は磁気浮上型の**上海トランスラピッド**で、最高**時速は430km**だ。

現在運行している旅客列車では、中国の上海トランスラピッドが最速。この列車は地面から車体を浮きあがらせる特別な軌道を、なめらかに走る。

フランスのTGVは、世界最速の車輪駆動の列車。最高時速は320kmで、高速軌道を通常運行する。TGV V150とよばれる特別仕様車は、時速574.8kmという現在の世界最高速記録をもっている。

軌道はガイドウェイとよばれる。ガイドウェイに送電されると列車の下に取りつけられた磁石にエネルギーが発生し、列車を浮きあがらせて高速で推進させる。

ボーイング747は40年以上もつかわれている大型のジェット定期旅客機。平均時速877km*、最高時速920kmで旅客を運ぶ。

*旅客機の速度は、気流などの自然条件によって大きく異なる。

コンコルドは史上最速のジェット旅客機。ニューヨークからロンドンまで3時間足らずで飛行した。

最速の航空機は？

X-15はこれまで飛行したなかで**最速の有人航空機**。**時速7,297km**という**速度記録**が**1967年**に打ちたてられ、いまだに破られていない。

はやわかりリファレンス

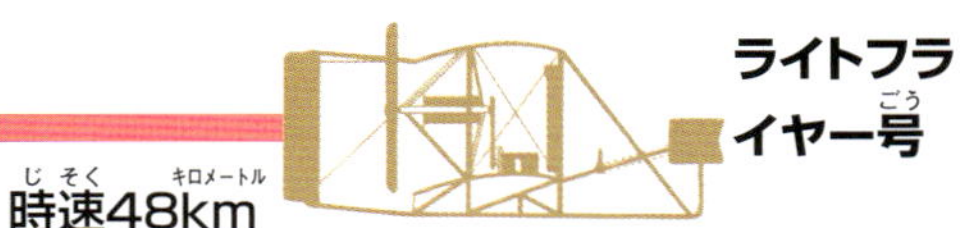

人類初の飛行機であるライト兄弟のフライヤー号は、最高時速48kmで飛んだ。これは時速105kmで飛行するマガモの速度の半分にも達しない。

時速7,297km
X-15 ― 最速の有人航空機

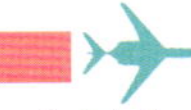
時速4,184km
スペースシップツー ― 最速の旅客宇宙飛行機

時速3,529km
SR-71ブラックバード ― 最速のジェット機

時速1,126km
セスナ・サイテーションX ― 最速のジェット旅客機

時速400km
ウェストランド リンクス ― 最速のヘリコプター

最速の飛行機は宇宙との境界線まで飛行する。旅行客は、しばらくすれば、超音速の宇宙旅客機でその空域を旅することができるようになるかもしれない。

X-15はボーイング747のほぼ8倍近くの速度で飛行した。

弾丸のはやさはまちまちだが、M16ライフルの弾丸は、最速のジェット戦闘機よりもはやい。

時速3,420km

HTV-2

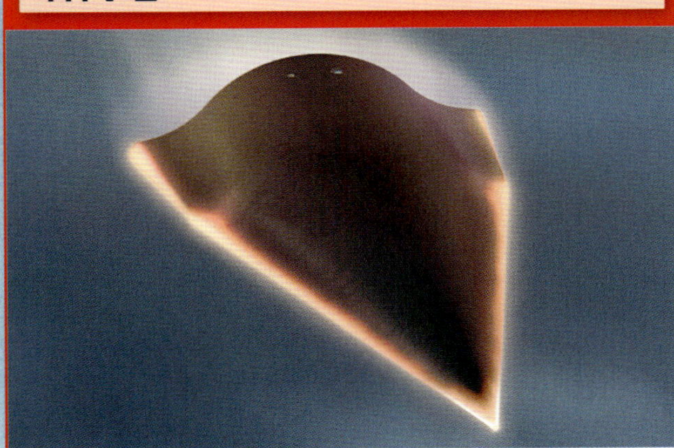

2011年、無人の実験用飛行機HTV-2が時速2万1,000kmに達した。ロンドンからシドニーまで1時間足らずで飛べるはやさだ。

X-15はふつうの飛行機のように滑走路からは離陸できない。爆撃機につりさげられて巡航高度まで運ばれ、切りはなされてからロケットエンジンを点火した。

時速7,297km

LG-130グラーフ・ツェッペリンⅡは、ツェッペリン飛行船会社がつくった飛行船で、乗客72人と乗員40人を乗せることができた。最高速度は時速131km、航行可能距離は1万6,500kmだった。船体には空気よりも軽い水素ガスがつめられ、ドイツからイギリス東海岸まで飛んだ。

最大のツェッペリン飛行船は、ジャンボジェットの本体より長さが3倍、幅が6倍あった。

ゴンドラには制御室と展望室が別々にあり、中央に航行室があった。

客室の長さ全体にわたっている巨大な窓は、飛行中にもあけることができた。

エアバス・ベルーガ

エアバス・ベルーガは、ふつうの航空機には入らない容積の大きな貨物や特殊な形をした貨物を輸送するために設計された機体だ。そうした貨物のなかには、エアバス自体の部分などもふくまれる。エアバスは、4か国で製造した部分を組みたててつくられているのだ。

最大の航空機は？

1930年代にツェッペリン社が建造したグラーフ・ツェッペリンⅡとヒンデンブルク号は、全長245mの飛行船で、これまでに空を飛んだ最大の航空機である。

1991年に就航したボーイング747-400Dは、最高600名の乗客を乗せられる。グラーフ・ツェッペリンⅡの72名と比べると9倍近い。

4つのエンジンのそれぞれには、飛行中ずっと乗員がついている。

はやわかりリファレンス

エアバスA380
72.72m

ボーイング747-8インターコンチネンタル
76.25m

アントノフAn-225
84m

アントノフAn-225は世界最長の航空機であり、エアバスA380よりも、ボーイング747-8よりも長い。ロシア製のスペースシャトル・ブランを輸送するために設計された。胴体上部には、特大の貨物を搭載するための装置がついている。

最速の船は？

1978年に、スピードボートの**スピリット・オブ・オーストラリア号**が、**時速511km**という世界最速記録を達成した。この記録はまだぬかれていない。

スピリット・オブ・オーストラリア号は、ハイドロプターより5倍もはやい。

はやわかりリファレンス

サーフボードでも、ときには船と同じくらいはやく海を進むことができる。カイトサーフィンの時速103kmという記録は、世界最速のヨットであるセールロケット2にわずかにおよばないものの、ハイドロプターの時速95kmよりはやい。最速のウィンドサーファーの速度も同じぐらいだ。

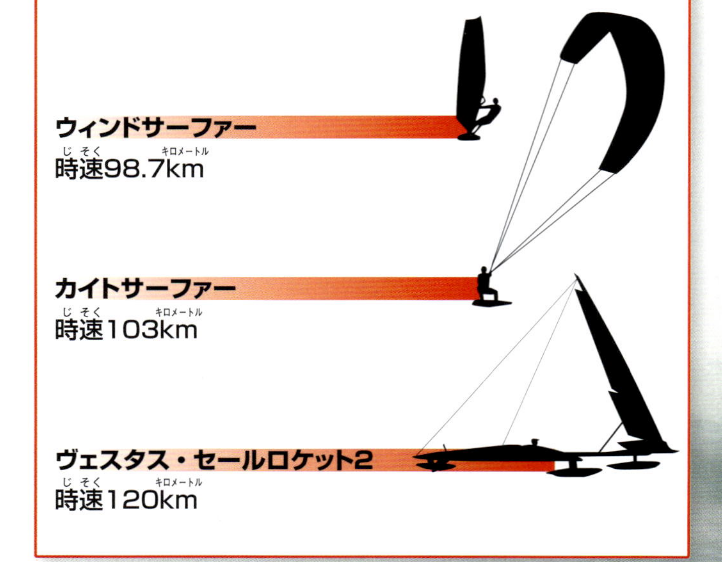

ハイドロプターのそれぞれのサイド・フロートの下には金属製のうすい翼がついている。船が一定の速度に達すると、翼がもちあがって海上を飛ぶように進む。

ジェットスキーは小型で、スピードがあり、扱いやすいため、警察、ライフガード、さらに愛好者たちに利用される。

時速108km

ハイドロプターは史上最速の帆船の１つだった。船体は速度を追求するために建造されたもので、乗組員は帆船の世界最速記録を破ることを目標としていた。

時速95km

スピリット・オブ・オーストラリア号は、ジェットエンジンのスピードボートで、オーストラリア人のケン・ウォービーが操縦した。

時速511km

はやわかりリファレンス

ハーモニー・オブ・ザ・シーズ 362m
ノック・ネヴィス 458m
米軍空母エンタープライズ(航空母艦) 342m
アッザム 180m
自由の女神
93m

史上最長のスーパータンカーはノック・ネヴィスだったが、2010年に解体された。米軍空母エンタープライズは世界最長の軍用艦だが、最長のクルーズ船であるハーモニー・オブ・ザ・シーズより全長は短い。ハーモニーの全高は自由の女神とほぼ同じで、全長は世界最大の個人用ヨット、アッザムの2倍だ。

スーパータンカーの大きさは?

TIオセアニアは、アメリカのスクールバス29台をならべたのと同じ長さ。

TIオセアニアと3せきの姉妹船は、ダブルハル(二重船体)のタンカーとして史上最大。二重船体とは、事故がおきたときに石油の流出を防ぐために、底と横の船体外板を二重にした構造のこと。

ノック・ネヴィスのいかりの重さは36tで、オスのアフリカゾウ7頭分より重い。これは、いま残っているただ１つの部品である。

ハーモニー・オブ・ザ・シーズ号

世界最大のクルーズ船であるハーモニー・オブ・ザ・シーズ号は、5,479名の乗客と2,100名の乗員を運べる。クルーズ船はまるで海に浮かぶまちのようで、店、映画館、レストラン、プールのほか、フルサイズのバスケットボール・コートまである。。

全長380m、全幅68mのTIオセアニア号は、現在進水しているなかで**最大のタンカー**だ。**300万バレル**(４億7,700万L)の**石油**を積載することができ、満載時の載貨重量は、**44万1,585t**になる。

TIオセアニアの最高速度は時速16.5ノット(時速31km)。この速度で進む船を海岸から見たとき、船の全体が通りすぎるのに46秒かかる。

TI OCEANIA

赤い保護塗料がぬられている部分は、スーパータンカーが最大積載状態で水面下に沈む船体部である。

船はどれだけのものを運べる？

MSCオスカーは、標準サイズのコンテナ**1万9,224個**を運べる、**全長395.4m**の**世界最大の**コンテナ船だ。

船長の視野が積みあげられたコンテナにさまたげられないように、船を操縦するブリッジはかなり船首寄りに位置している。

標準コンテナは長さ6.1m、幅は2.44m。果物から衣類、テレビなど、世界じゅうのあらゆる物資を輸送するのに使用される。コンテナは、船から大型トラックか列車に直接積みこまれる。

はやわかりリファレンス

最大のタンカーはコンテナ船より多くの荷を輸送することができる。全長458mのスーパータンカー、ノック・ネヴィスは、競泳用プール260杯分にあたる410万バレル(6億5,190万L)の石油を積載することができた。

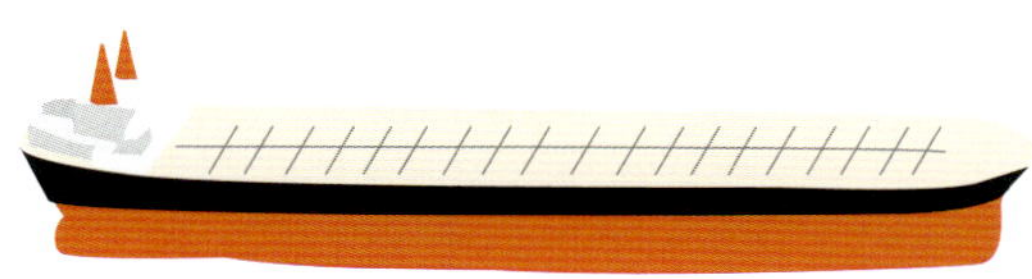

ノック・ネヴィス

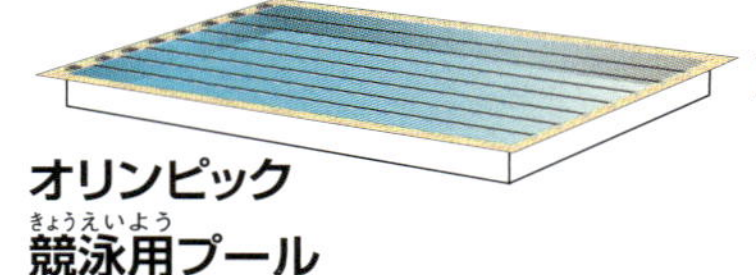

オリンピック競泳用プール

ブルー・マーリン

ブルー・マーリンのような重量物運搬船は、石油掘削機や空母といった超巨大な構造物を運搬するための船だ。こうした船はデッキ部を沈め、構造物を水面下で支えて運ぶ。何も載せていない場合、船体は浮きあがっている。

最大で19万7,362t(コンテナ1個あたり10t)までの荷物を運ぶことができる。

MSCオスカーの高さは73m。25階建ての建物に匹敵する。シロナガスクジラの13倍の長さと、バス7台をならべられる幅がある。ヨーロッパとアジアの間を往復している。

満載状態のMSCオスカーは3万8,448台の車両や、スープ缶なら、9億2,000万個を積載できる。

スペースシャトルの推力は?

スペースシャトルの３基のメイン・エンジンと２基のロケット・ブースターは、**310万kgの推力**をつくりだした。

はやわかりリファレンス

スペースシャトルの３基のメイン・エンジンは、小さなプール2.4杯分にあたる液体燃料を１分間で燃やしつくす。１秒間では、3,785Lがついやされる。

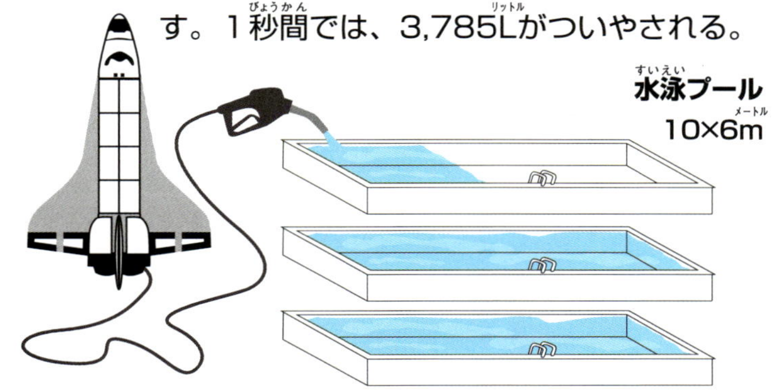

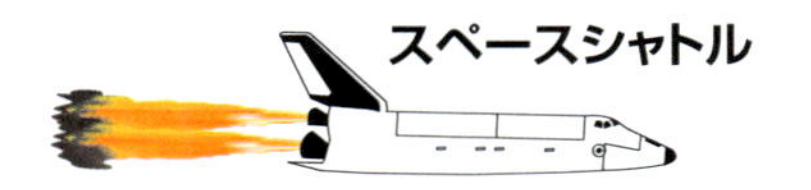

スペースシャトルは、40秒未満で時速1,000kmに達する。しかし、自動車の世界最速記録はジェットエンジン推進のスラストSSCがもっていて、同じ速度に16秒で達した。スペースシャトルの半分以下の時間だ。

ボーイング747（通称ジャンボジェット）は、離陸時に10万1,600kgの推力を生みだす。

燃料の重さ

スペースシャトルは打ちあげ時の重量が約2,000tだ。そのほとんどの重さは、ロケット本体を地球の重力からぬけださせ、軌道に乗せるのに必要な燃料の重さである。

人類は宇宙のどこまで到達したか？

1970年に、アポロ13号月探査船は、地球からの距離40万171kmの地点に達した。

3　着水の数時間前、機械船を分離。乗組員はこのときはじめて、爆発による大きな損傷を見た。

4　司令船は時速3万9,733kmで大気圏に突入。

宇宙船の一部である着陸船は、月の軌道に送りこまれ月面着陸ができるように設計されている。

着陸船が月に飛行している間、司令船は待機している。

機械船にはロケットエンジンと、燃料、酸素、電力供給装置が搭載されている。

はやわかりリファレンス

ボイジャー1号は、最も遠くまで飛んだ探査船だ（2019年現在も飛行中）。2013年にはすでに太陽系を脱出し、現在は地球から200億kmものかなたを飛んでいる。

土星

天王星

海王星

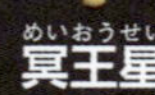

冥王星

太陽系

地球

距離

太陽系の距離は天文単位（AU）で計測される。
1天文単位は地球と太陽との距離。

アポロ13号は、それ以前のアポロ月探査計画と同じく月面から111kmの軌道を周回し、乗組員が月面に着陸する予定だった。ところが爆発がおきて宇宙船が故障。乗組員を地球に帰還させるため、予定のコースが変更され、それまで経験がなかった月の長周回軌道を飛ぶことになった。

アポロ13号が地球から離れた距離は、地球の赤道を10回周回したのと同じだった。

2　アポロ13号は帰還軌道に乗る前に月から264km離れたところを通過した。

1　爆発によって機械船の燃料、電力、酸素供給の機能が故障したとき、アポロ13号は地球から32万9,000kmの距離にあった。そのときすでに55時間飛行していた。月への着陸は中止になった。

宇宙管制センター

アポロ13号の機械船内部で酸素タンクのファンがショートし、タンクに火が走って爆発した。地上の宇宙管制センターは、月の重力を利用して宇宙船を地球への帰還軌道に乗せるという、はじめての試みに成功した。

惑星探査船であるパイオニア10号、パイオニア11号、ボイジャー1号、ボイジャー2号は、どれも1970年代に打ちあげられた。地球と太陽系からどんどん遠ざかりつつある。パイオニア号は、もう地球に信号を送ってきていないが、いまだに宇宙をさまよっていると考えられる。

スカイダイビングの最高到達地点は？

2012年、オーストリア人の**フェリックス・バウムガルトナー**は、地上約**3万9,000m**の高さの気球から**ダイビング**した。

宇宙との境界付近の大気圧は地表面の2％以下になる。

バウムガルトナーは与圧スーツ*を着て、落下中に意識を失わないようにした。

*気圧が低い高空で、体を地上に近い気圧に保つための特殊防護服。

高度約1万4,000mで形づくられるうすい巻雲。

このスカイダイビングは、旅客機の飛行高度の4倍ほどの高さからおこなわれた。

旅客機は通常1万m程度の高度を飛行する。

ほとんどのスカイダイビングは高度4,300m以下でおこなわれる。この高度からでもおよそ時速160kmで落下することになる。

音速の壁を破る

バウムガルトナーは、旅客機の巡航高度のおよそ4倍の高さからスカイダイビングをおこない、降下中に時速1,358kmの速度に到達。乗りものに乗らずに音速の壁を破った最初の人間となった。

成層圏からのダイビングは非常に危険だ。ほとんど呼吸できないほど空気はうすい。バウムガルトナーは降下のためにわずか10分間分の酸素ボンベを携帯しただけだった。大気圧が低く、降下中の回転を防ぐのがむずかしかったという。彼は幸運にも、なんとか適切な降下体勢がとれた。

はやわかりリファレンス

酸素がへるとジェットエンジンはつかえない。大気圏の高層を飛行できるのは、ロケットだけだ。

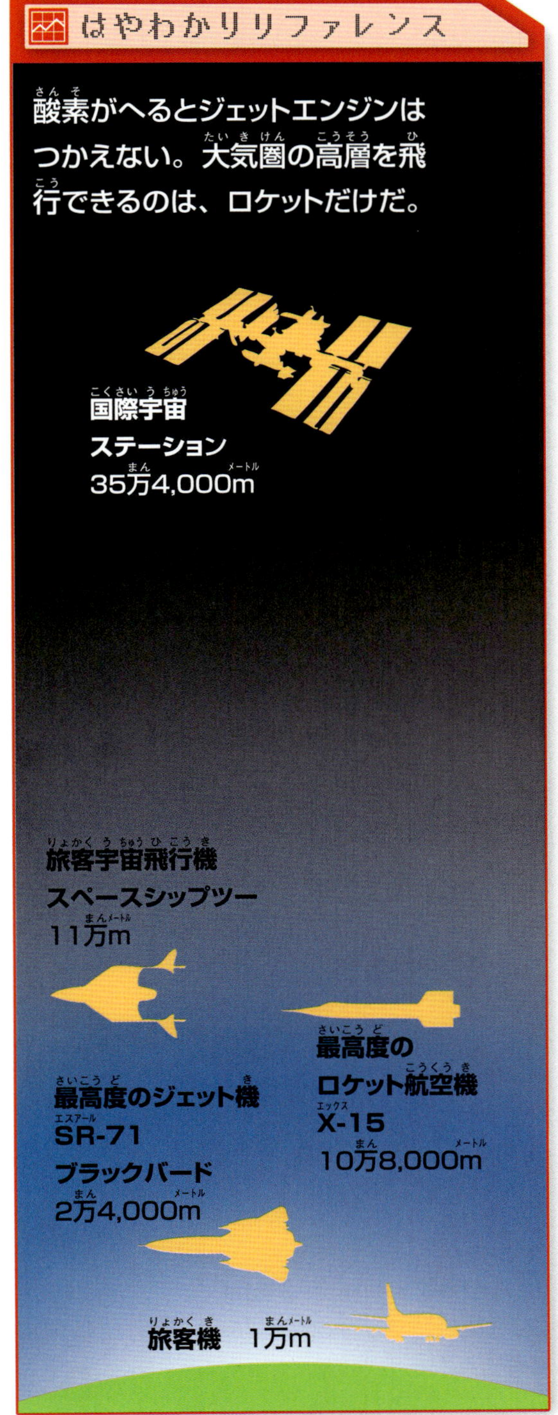

運送のデータ

深海

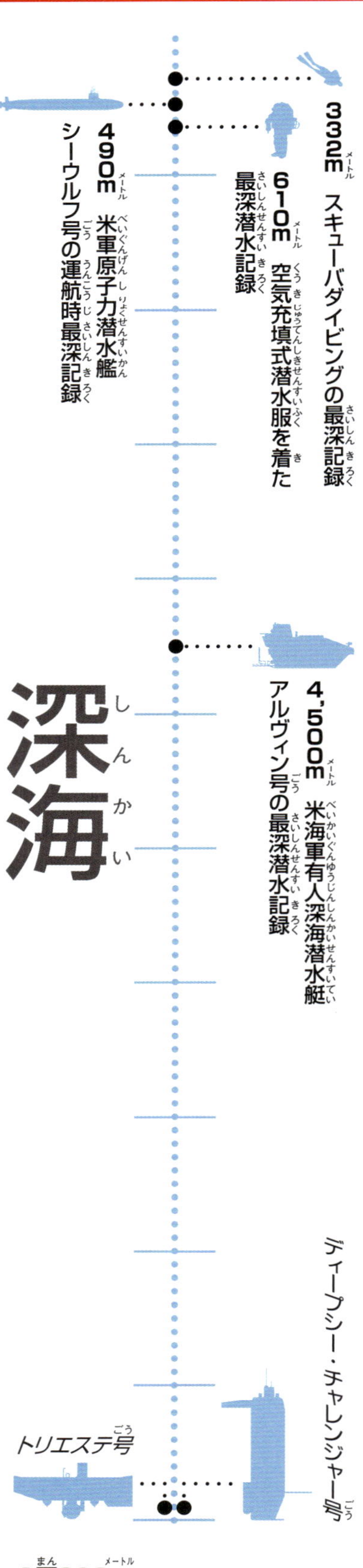

1万898m
深海探査の最深ポイントは、1960年の潜水艇トリエステ号と、2012年のディープシー・チャレンジャー号がそれぞれ到達している。

走行距離

1966年に製造されたスウェーデンの自動車ボルボは、2012年までに

470万km

を走破した。これは地球をほぼ117周したのと同じだ。

地球を回った。

世界最大

のトンネル掘削機

直径が19.25mで、重量が3,800t。この強力な機械はロシア・サンクトペテルブルクの地下を走る新しい道路トンネルをほるのにつかわれている。

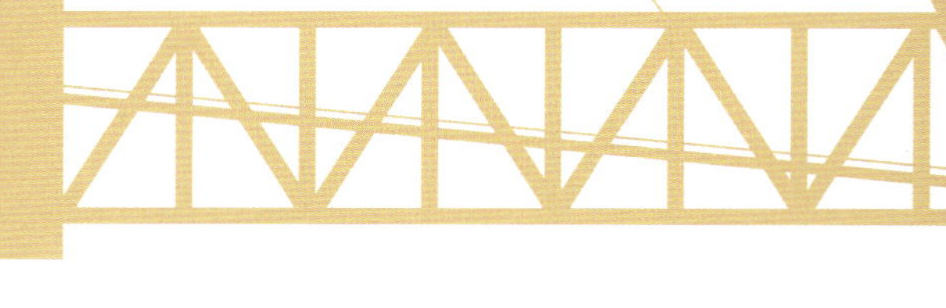

最大のプロペラ

直径が10.3mで、重量が102.5t。この巨大なプロペラは、ドイツで建設され、韓国に運ばれた。

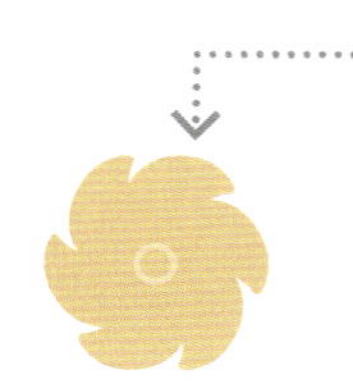

最長距離の直行旅客機

オーストラリアのシドニーからアメリカのダラス＝フォートワースへ：1万3,804km　15時間25分

ニュージーランドのオークランドからアラブ首長国連邦のドバイへ：1万4,203km　17時間15分

最長の列車

世界最長の列車は**682両**の車両と８台の機関車で編成されていた。2001年にオーストラリアでただ１度、鉄鉱石を運ぶためにつかわれた。全長は**7.353km**で、ドバイの高層ビルの**ブルジュ・ハリファ8.8個分**に相当する。

史上最長の旅客列車は、全長が**1.2km**、２台の機関車と**43両の客車**で編成されていた。2004年にオーストラリアで走行した。

世界の鉄道線路の全長

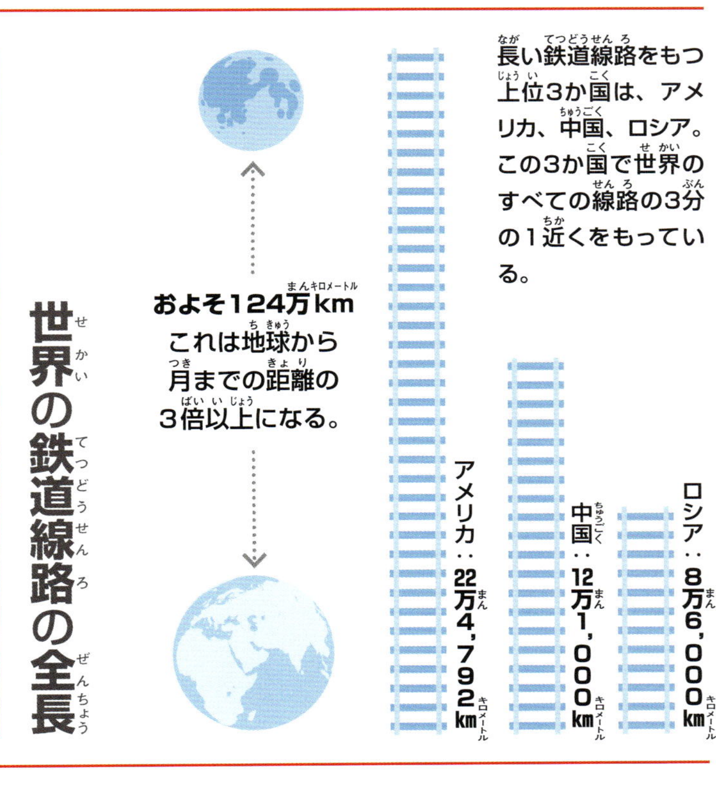

およそ124万km
これは地球から月までの距離の３倍以上になる。

長い鉄道線路をもつ上位3か国は、アメリカ、中国、ロシア。この3か国で世界のすべての線路の3分の１近くをもっている。

最大の陸上を走る車両

ドイツの鉱山業者が使用した巨大な掘削機、**バガー293**は、全長が**225m**、高さが**96m**、重量が**1万4,200t**。1日で2,400台のトラックに石炭を積むことができる。

人間

動物
シロナガスクジラは長さ**30m**。

最小のコンピュータは？

米粒より小さなサイズにもかかわらず、**体温や血圧の測定**、**写真撮影**などをこなせる**超小型コンピュータ**が存在する。その小ささを生かして、**体内に注入**したり、岩石のすきまにたまった**石油を検知**するといった利用法が考えられている。

はやわかりリファレンス

コンピュータは、日々小型化が進んでいる。1993年には、143ギガフロップス（1秒に1,430億回演算する）のためには高さ1.5m、長さ8mのコンピュータが必要だった。2013年になると、たった4台のノート型パソコンでその性能を上回るようになった。

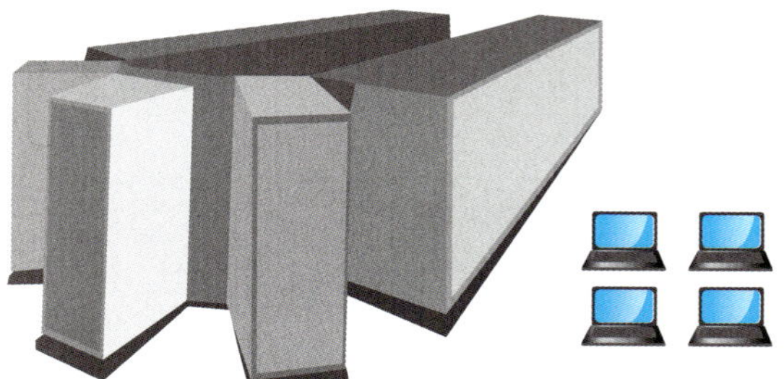

インテル・パラゴン・スーパーコンピュータ、1993年
143ギガフロップス

インテルi5ノート型パソコン、2013年
各45ギガフロップス

インテル社の設立者であるゴードン・ムーア博士のいう「ムーアの法則」によると、コンピュータの性能は2年ごとに2倍になると予測されてきた。実際、2002年から2012年までの10年間で、世界最速の500台のコンピュータの平均速度は2年ごとに2倍以上になっている。

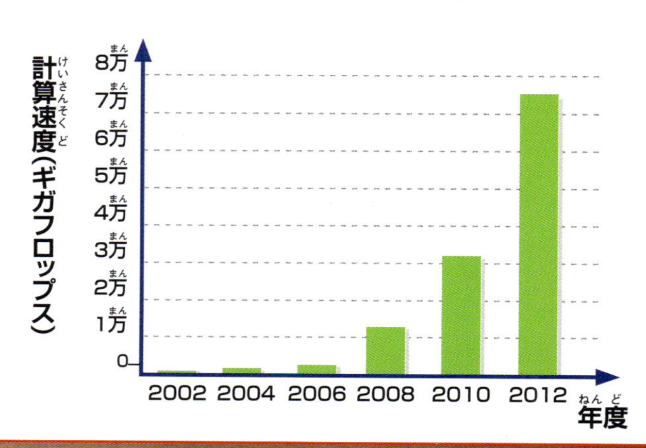

ミシガン・マイクロモートと呼ばれるこの超小型機器は、実にさまざまな用途に利用できる。体内に埋め込んで体温や血圧を測定することもできれば、石油を見つける手助けにもなる。また、この小さなコンピュータを鍵や財布につけておけば、もしなくしても、集中システムを使って探しだすことができる。

このコンピュータはバッテリーが不要で、動力源には光を使用する。太陽光である必要はなく、室内光でも動作する。

このコンピュータなら、指先に150個ほど載せることができる。

マイクロプロセッサ

シリコンチップの表面に電気回路が印刷されている。マイクロプロセッサは、メモリ上のプログラムを読みこみ、その指示に従って入力装置や記憶装置からデータを受けだし、データをプログラムどおりに演算・加工し、出力装置に送るという処理の流れになる。

フラッシュドライブに入る情報量は?

フラッシュドライブは、コンピュータなどに接続して使用する、**フラッシュメモリ**を内蔵したもち運び可能な**記憶装置**。初期のフロッピーディスクから進化したもので、**1テラバイト**のフラッシュドライブには、**100万冊の書籍情報**をおさめられる。

フラッシュドライブの重さはわずか30g以下だが、テラバイト単位のデータを保存できる。データは何千回でも消去したり更新したりすることができる。

1テラバイトのフラッシュドライブに200ページの書籍100万冊分をおさめられる。

原子データ記憶装置

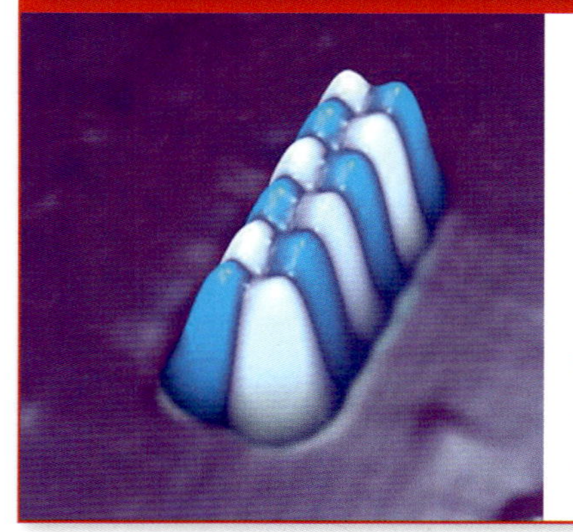

この電子顕微鏡写真は、アメリカのIBM社が2012年1月に発表した世界最小のデータ記憶装置。鉄の原子12個に1ビット*、96個に1バイトの情報をもたせた。世界最小の磁気記憶装置の製作を可能にする技術だが、まだ開発段階である。

*情報の基本単位。

はやわかりリファレンス

アメリカ・ワシントンD.C.の議会図書館は、蔵書数世界一の図書館。収蔵数は3,500万冊。それらの書籍のすべての文字情報は、容量4テラバイトのハードディスク9つにおさまる。

36-TB

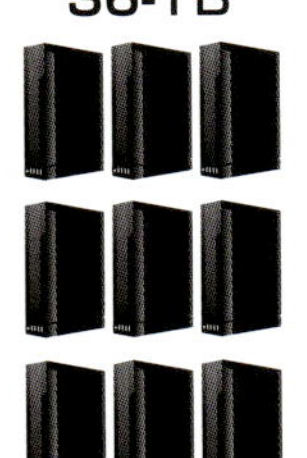

＝

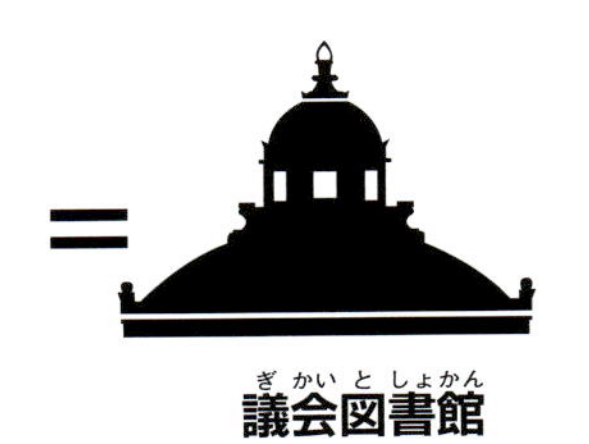

議会図書館

記憶媒体は2、3年おきにどんどん高機能になってきた。最先端工学によって生みだされたそれぞれの媒体は、それ以前の媒体の何倍も多くのデータを保存することができる。速度もはやくなり、可動部がなくなって、より小型化が可能になり、耐久性が増してきた。

3.5インチフロッピーディスク
1.44メガバイト

ジップディスク
100メガバイト

CD
700メガバイト

DVD
4.7ギガバイト

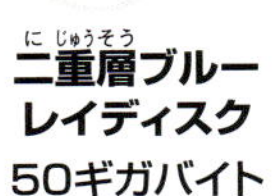

二重層ブルーレイディスク
50ギガバイト

2-TBフラッシュドライブ
2テラバイト

コンピュータのデータ

ソーシャル・ネットワーク

2007年にはフェイスブックなどのソーシャル・ネットワークのサイトを利用していた人は、世界じゅうで**5億人以下**だった。

その後の5年間で利用者は12億人に増え、世界のインターネット人口の82%以上を占めている。

ビデオゲーム開発に要するコスト

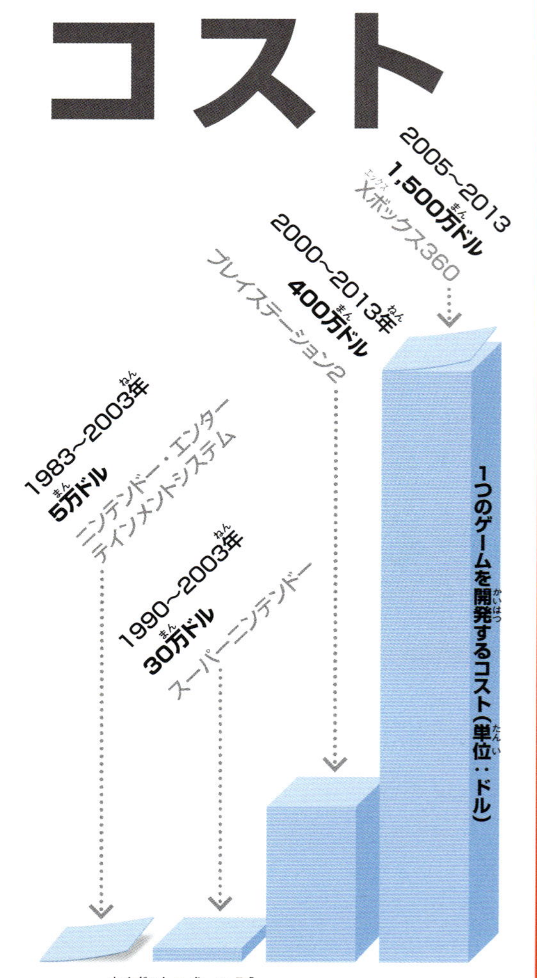

1980年代初期以降、1つのビデオゲームを開発する平均コストは

300倍

以上に増大している。

コンピュータ記憶装置(RAM*)の増大

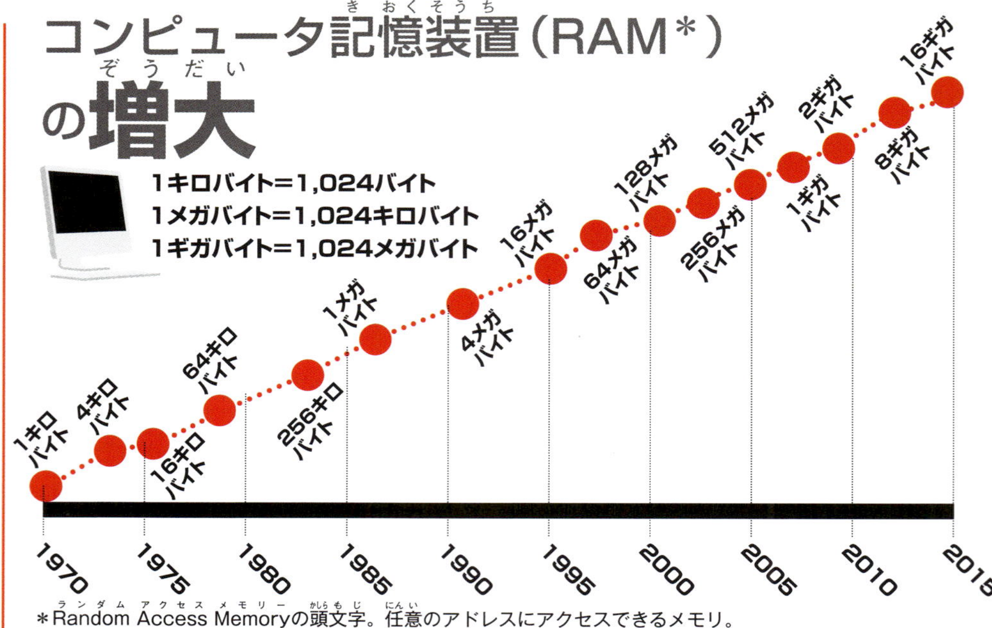

*Random Access Memoryの頭文字。任意のアドレスにアクセスできるメモリ。

スーパーコンピュータ

世界最速のコンピュータ「天河二号」をフルパワーで稼働させると、8,000kWの電力を消費する。これは、省エネ型8W電球100万個分に相当する。

大陸別のインターネット人口の割合(2015年)

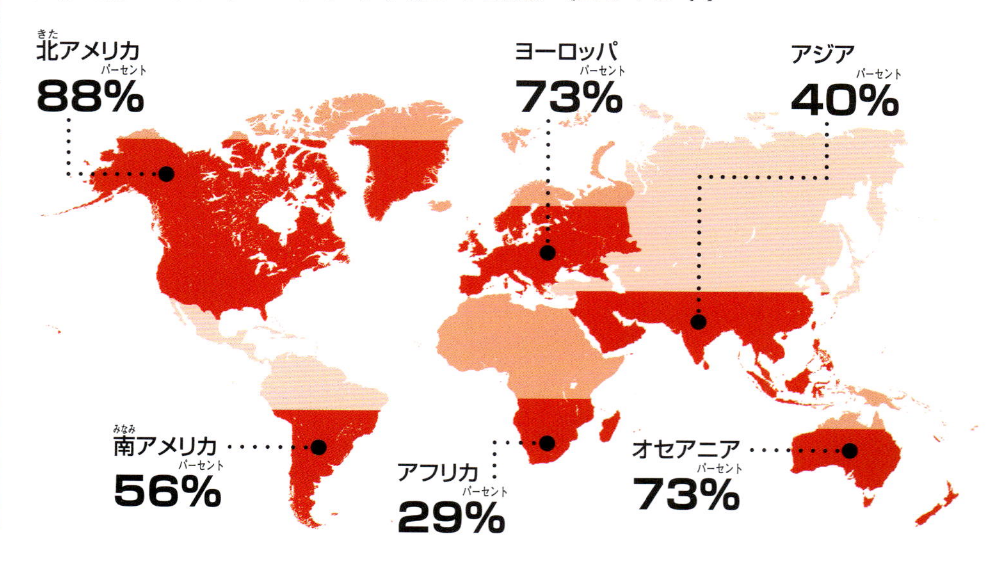

床面積

「エニアック」は1946年に開発された**世界初の電子計算機**（コンピュータ）。床面積が**167m^2**あり、1秒間に **1万回** の演算をした。
現在最速の「天河二号」の床面積は**720m^2**で、1秒間に **3京3,860兆**（1京は1兆の1万倍）回の演算ができる。

月着陸

1969年に月に着陸したアポロ11号の着陸船に搭載された**コンピュータ**は、わずか**72キロバイト**の記憶容量しかなかった。そのうちの**2キロバイト**だけが「RAM（ラム）」だった。

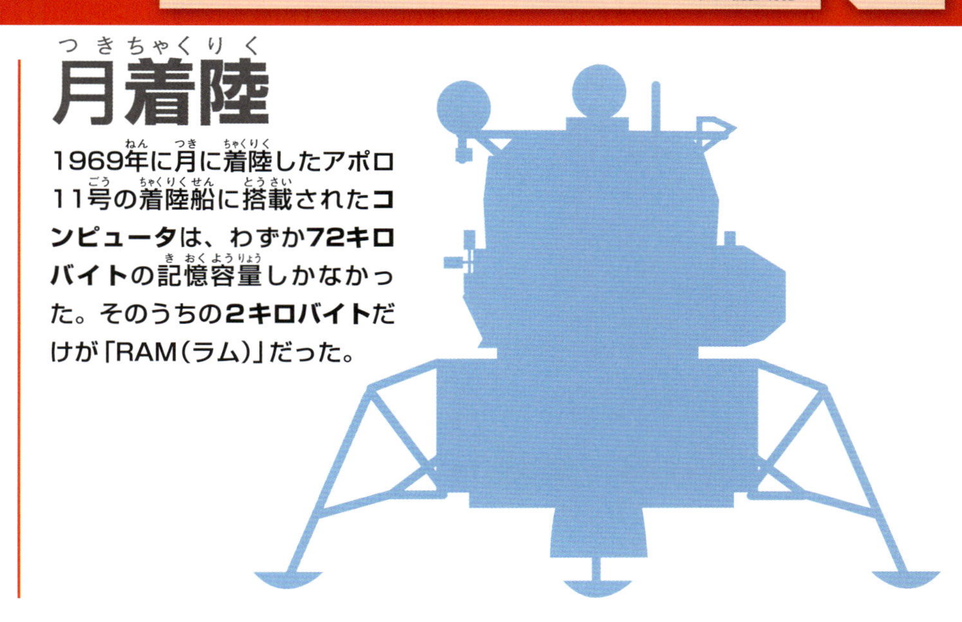

ウェブサイトの**増加**

1991年以来、ウェブサイトの数は1から10億以上に増加した。

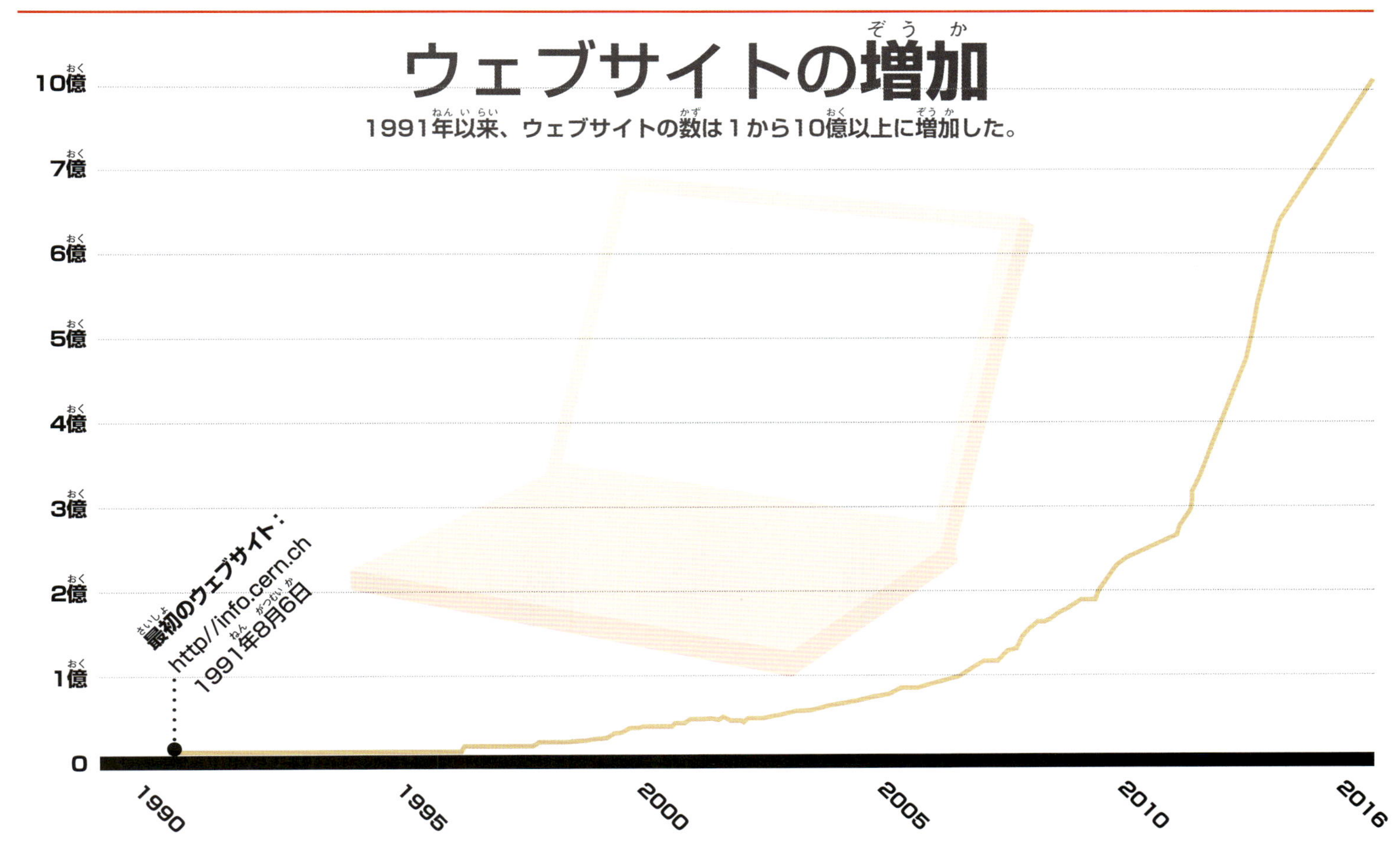

@電子メール

最初の電子メールは、アメリカ・マサチューセッツ州ケンブリッジのコンピュータ・エンジニア、レイ・トムリンソンによって、**1971年**に送られた。

電子書籍の増大

世界最大の書籍市場であるアメリカ合衆国の国内における、電子書籍の売上の割合。

2002年：**0.05%**
2006年：**0.50%**
2008年：**1.18%**
2009年：**3.17%**
2010年：**16.97%**
2011年：**22.55%**

インターネットによる書籍販売者の報告によると、2012年に電子書籍の売上は印刷された書籍の売上をはじめて上回った。

はやわかりリファレンス

ブルジュ・ハリファには、最長(最高)のエレベーターがある。1階から124階まで時速36kmでのぼることができる。

大聖堂は、20世紀までは最も高い建物だった。ドイツのウルム大聖堂は最も高い教会堂だ。その尖塔は161.5mに達し、768段の階段がある。

149m
セント・ポール大聖堂、1200年

160m
リンカン大聖堂、1300年

157m
ケルン大聖堂、1880年

161.5m
ウルム大聖堂、1890年

最高の建物は?

ドバイの**ブルジュ・ハリファ**は高さが**828m**。**163階建て**で、住居、オフィス、ホテルとして使用されている。日本のスカイツリーは高さが634m*で、人工の建造物としては世界第2位となっている。

*2011年に『ギネス世界記録』で世界一高いタワーとして認定された。

ブルジュ・ハリファの高さはエンパイア・ステート・ビルのほぼ2倍。

ブルジュ・ハリファは長さ1万kmにおよぶ鉄鋼がつかわれ、2万6,000枚の窓ガラスでおおわれている。

エッフェル塔の高さは、夏の暑さで最大15cmのびるという。

エンパイア・ステート・ビルの最上階である102階までの階段数は1,860段。

最上部からの眺望

これはブルジュ・ハリファの先端に取りつけられた、高さ200mの尖塔の最上部からのながめだ。尖塔は建物の内部で組みたてられ、先端まで引きあげられた。風が強いときは、尖塔は左右に1.2mもゆれる。

記録破りの建物もナンバーワンの位置に長くとどまることはない。上の建造物はすべて、それぞれの種類の建造物のなかで一時期は最高の高さをほこった。エッフェル塔は東京タワー(333m)にぬかれた。ブルジュ・ハリファは、2010年に世界で最高の建物になったが、現在、高さ1,000mに達するような建物がすでに計画中だ。

最大の建物は？

アメリカのシアトルにある**ボーイング社エバレット工場**は、何機もの航空機を一度に格納するため**1,340万m^3の容積**がある。

エバレット工場は55個のサッカー場がすっぽりおさまるほど巨大だ。工場の下には3.7kmにおよぶ歩行者用通路がある。

製造ライン

工場内の１ラインに12機の機体が塗装を待っている。エバレット工場は、１か月にボーイング777を８機、ボーイング787を10機製造する。

建物の外周は3.5km。

はやわかりリファレンス

１機のボーイング747には、ふつうの浴槽の7.5杯分、およそ600Lのペンキがつかわれる。

エバレット工場は、容積では世界最大の建物だ。しかし床面積ではもっと広い構造物がある。

エバレット工場（シアトル）
39万8,000m²

ペンタゴン（ワシントン）
61万m²

アブラージュ・アル・ベイト・タワーズ・ホテル（メッカ）
160万m²

ドバイ国際空港第3ターミナル
171万3,000m²

はやわかりリファレンス

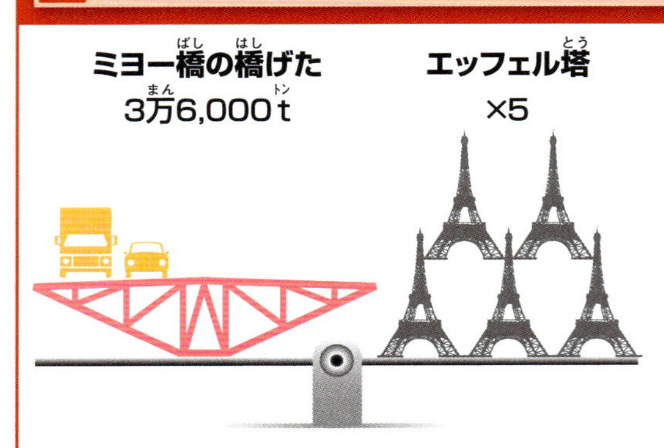

橋げたには、エッフェル塔を５基建設できるだけの鋼鉄がつかわれている。橋げたは2,200個にわかれたパーツが溶接されたもの。渓谷の両端から中央に向かってそれぞれにのびていった。

橋でつかわれている最長ケーブルのそれぞれは、ボーイング747旅客機８機分の最大推力で引っぱってもたえるだけの強さがある。

高さが最高の橋は？

フランスのタルン川の渓谷にかかる**ミヨー橋**は、世界で**最も高い斜張高架橋**である。**主塔**の谷底にある基底部からの高さは、333mの東京タワーより高い**343m**だ。

ミヨー橋は南フランスのモンペリエ―パリ間の道路にかかる橋。橋長は2,460mで、2004年に開通した。

最長の橋

世界最長の橋は、中国の丹陽－昆山特大橋で、全長が164.8km。これは、北京－上海高速鉄道の一部区間になっている。世界最長橋の上位５つのうち、あと２つがこの鉄道線路にある。

はやわかりリファレンス

ピラミッドの高さは147mで、3,800年間にわたって世界最高の建造物だった。ラクダを70頭積みあげた高さと同じぐらいだ。

ピラミッドは230万個の石を積みあげてつくったもの。石のなかで最大のものは63tと推測されている。オスのアフリカゾウ20頭分の重さだ。

大ピラミッドの重さは？

エジプトにある**ギザの大ピラミッド**は、世界最古の建造物の１つであり、重量は**521万6,400t**と推定されている。

大ピラミッドの重量は、推定でエンパイア・ステート・ビル16個分と同じ。

クフ王の墓として、紀元前2560〜2540年ごろに建造された大ピラミッドは、ほとんど石灰岩だけでできている。１辺の長さが227mの正四角すいをしている。

102階のほとんどが事務所スペースであるエンパイア・ステート・ビルは、鉄骨フレームをコンクリートとガラスでおおった建物だ。ピラミッドとちがって全体が同一の素材でなく、部屋の空間部分も多い。

尖塔の先端までであれば、エンパイア・ステート・ビルの高さは443m。1931年に竣工した当時は、世界最高の建物だった。

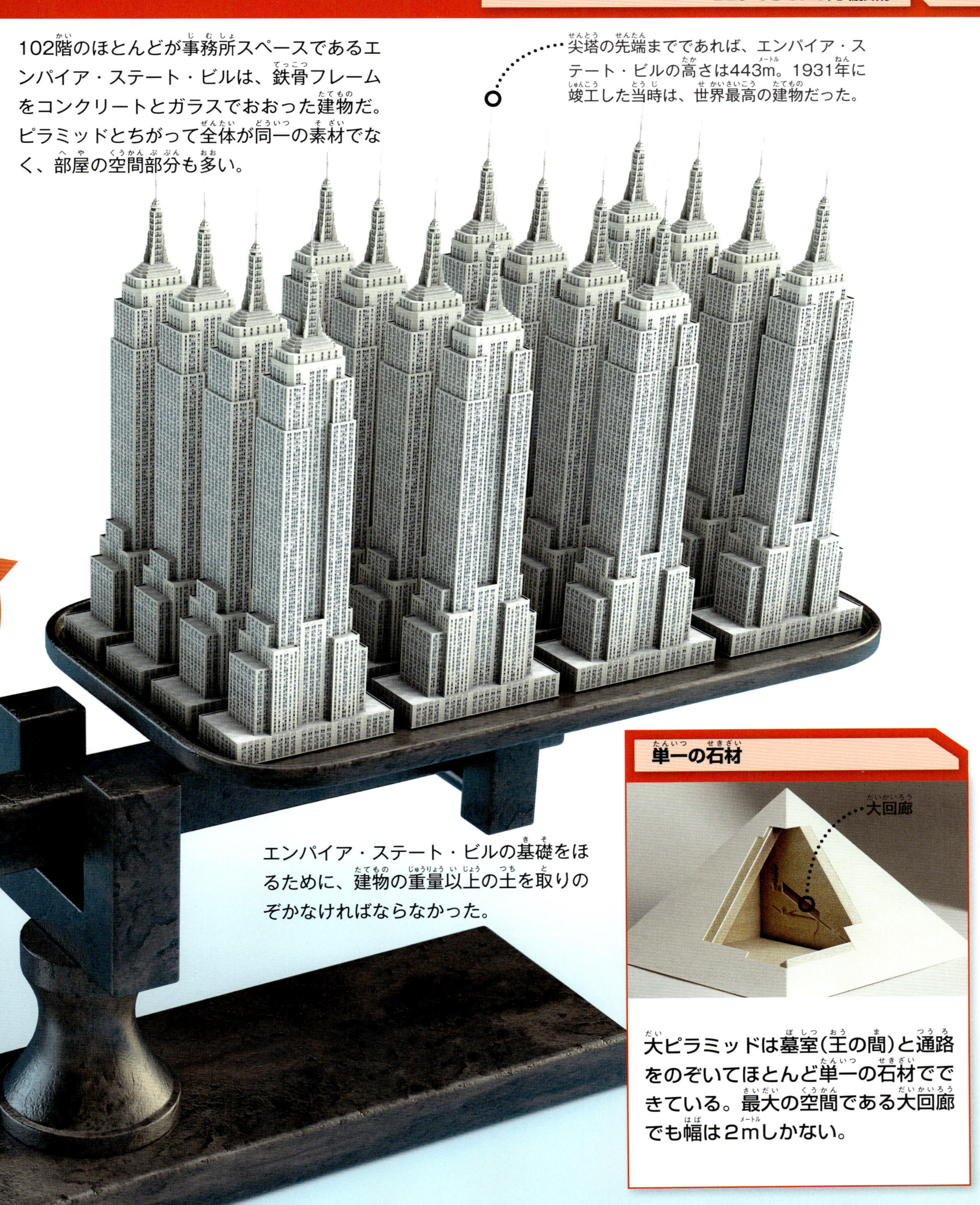

エンパイア・ステート・ビルの基礎をほるために、建物の重量以上の土を取りのぞかなければならなかった。

単一の石材

大回廊

大ピラミッドは墓室（王の間）と通路をのぞいてほとんど単一の石材でできている。最大の空間である大回廊でも幅は2mしかない。

人間はどれだけ深くほれるか？

史上最も深く人間がほった穴は、ロシアの西北端にある**コラ半島超深度掘削坑**で、1970年からほられた。**1994年**に掘削が中止されたとき、穴は**12km以上の深さ**があった。

地球の中心は地表から約6,400km（6,371km）の深さ。そこまで到達するには30～60kmの地殻（海底下では10km以下）をほりすすめる必要がある。その下にはマントルがあり、さらに下は外核、そして内核がある。それぞれの厚さは、マントルが地殻の終わりから2,891kmまで、外核2,891～5,151km、内核5,151～6,371kmになっている。

史上最も深く人間がほった穴でも、地球の一番外側にある地殻を通りぬけていない。

マントル

外核

内核

コラ半島超深度掘削坑（ロシア）
1万2,262m

ロシアのコラ半島における地殻とマントルの境界線はおよそ35kmの深さだった。

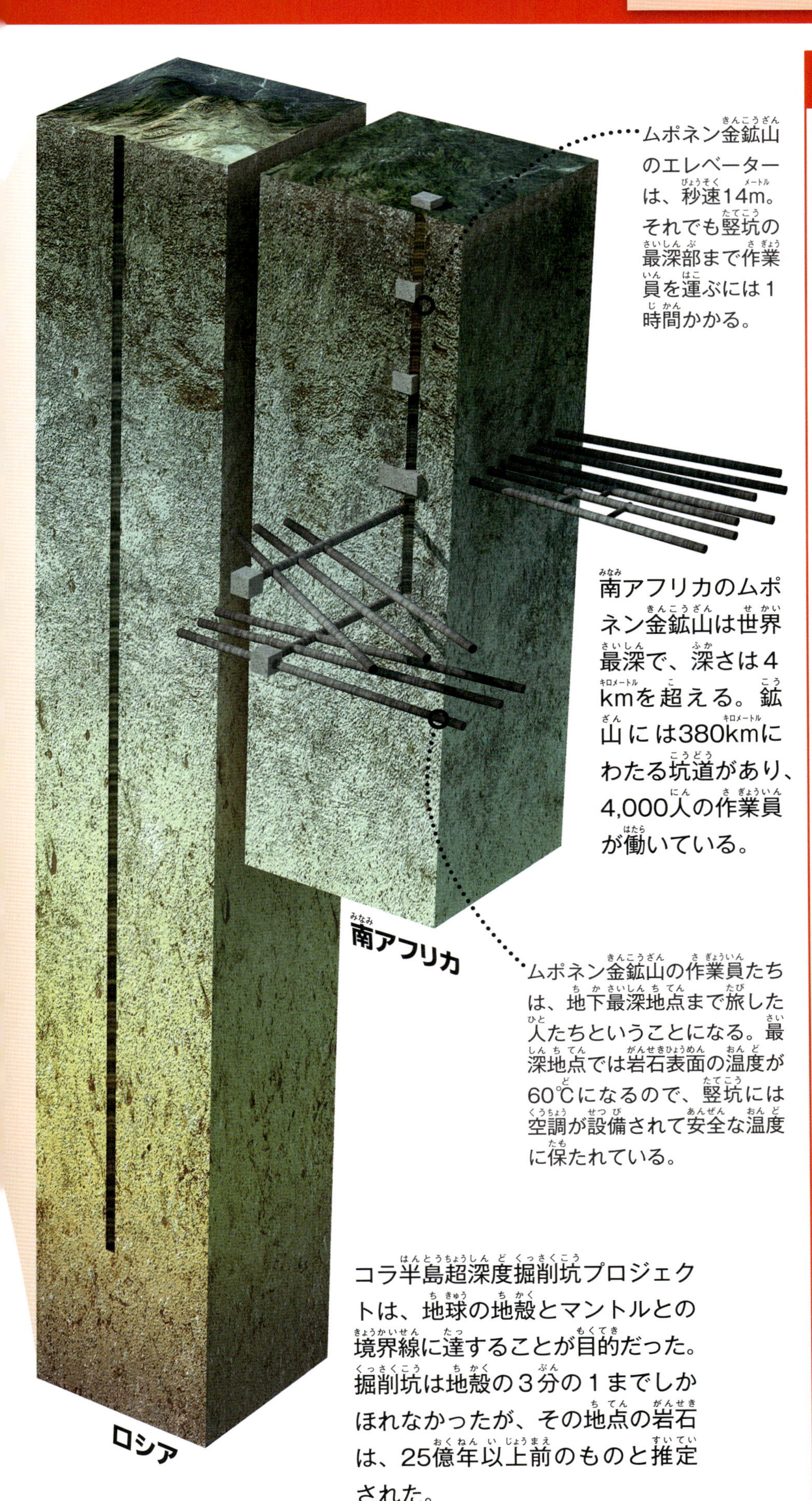

ムポネン金鉱山のエレベーターは、秒速14m。それでも竪坑の最深部まで作業員を運ぶには1時間かかる。

南アフリカのムポネン金鉱山は世界最深で、深さは4kmを超える。鉱山には380kmにわたる坑道があり、4,000人の作業員が働いている。

ムポネン金鉱山の作業員たちは、地下最深地点まで旅した人たちということになる。最深地点では岩石表面の温度が60℃になるので、竪坑には空調が設備されて安全な温度に保たれている。

コラ半島超深度掘削坑プロジェクトは、地球の地殻とマントルとの境界線に達することが目的だった。掘削坑は地殻の3分の1までしかほれなかったが、その地点の岩石は、25億年以上前のものと推定された。

はやわかりリファレンス

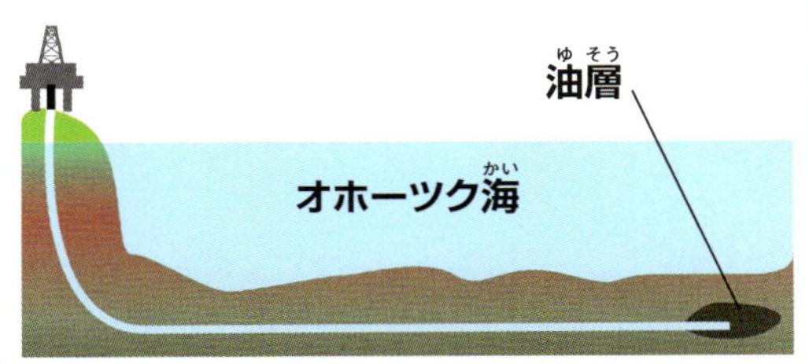

コラは現在でも世界最深の掘削坑だが、最長ではない。2012年にエクソン社が1万2,376mの長さの油井を掘削した。しかし、その一部は水平で、必ずしも深くまでほったわけではない。

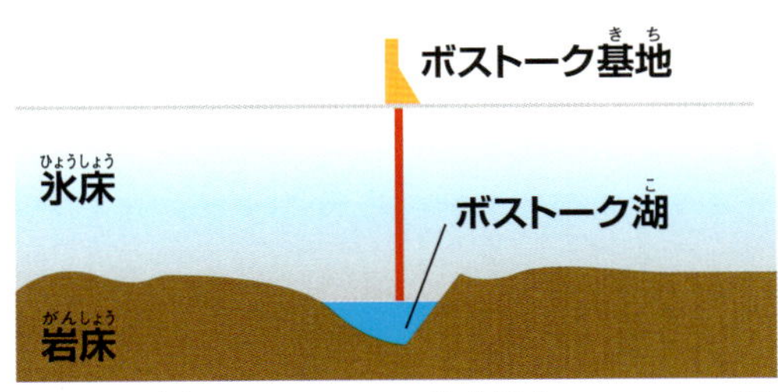

1989年にロシアの科学者たちは、北極海の氷を3kmほり、ボストーク湖に達するというプロジェクトを開始。ボストーク湖は淡水湖で、1,500万年以上も氷の下にとじこめられている。2012年に科学者たちはついにゴールに達した。

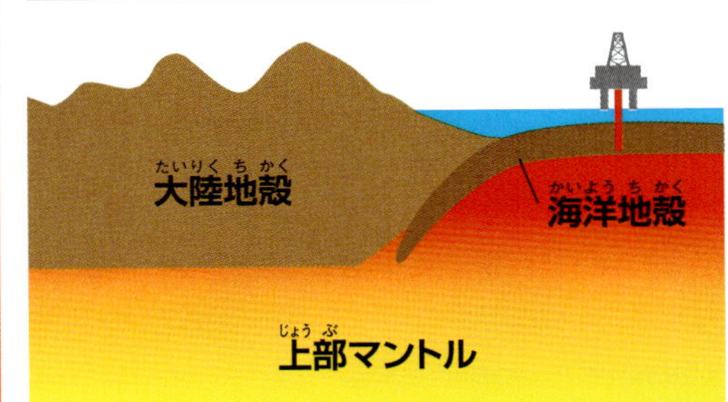

コスタリカ近くの海洋で、科学者たちはとくにうすくなっている地殻(厚さ5.5km以下)をほとんど突きぬけた。海洋地殻(海底下)は、陸地の地下にある地殻よりうすくなっている。

金はどれだけある？

金は**古代**から**現代**までに、すでに**17万1,300t**が地下から採掘されたと推定される。

天然の金塊

天然金塊は自然に生成された金のかたまりのこと。ほとんどの金塊は小さいのがふつうだが、写真の上段に見えるのは、1869年にオーストラリアで発掘された重量78kgの金塊(「ウェルカム・ストレンジャー」と名づけられた)のレプリカだ。

17万1,300tの金の量は、テニスコートの長さほどの直径のボールを想像するとよいだろう。金はとても重い金属だ。レンガ2～3個分ほどの金のかたまりで大人1人分ほどの重さがある。

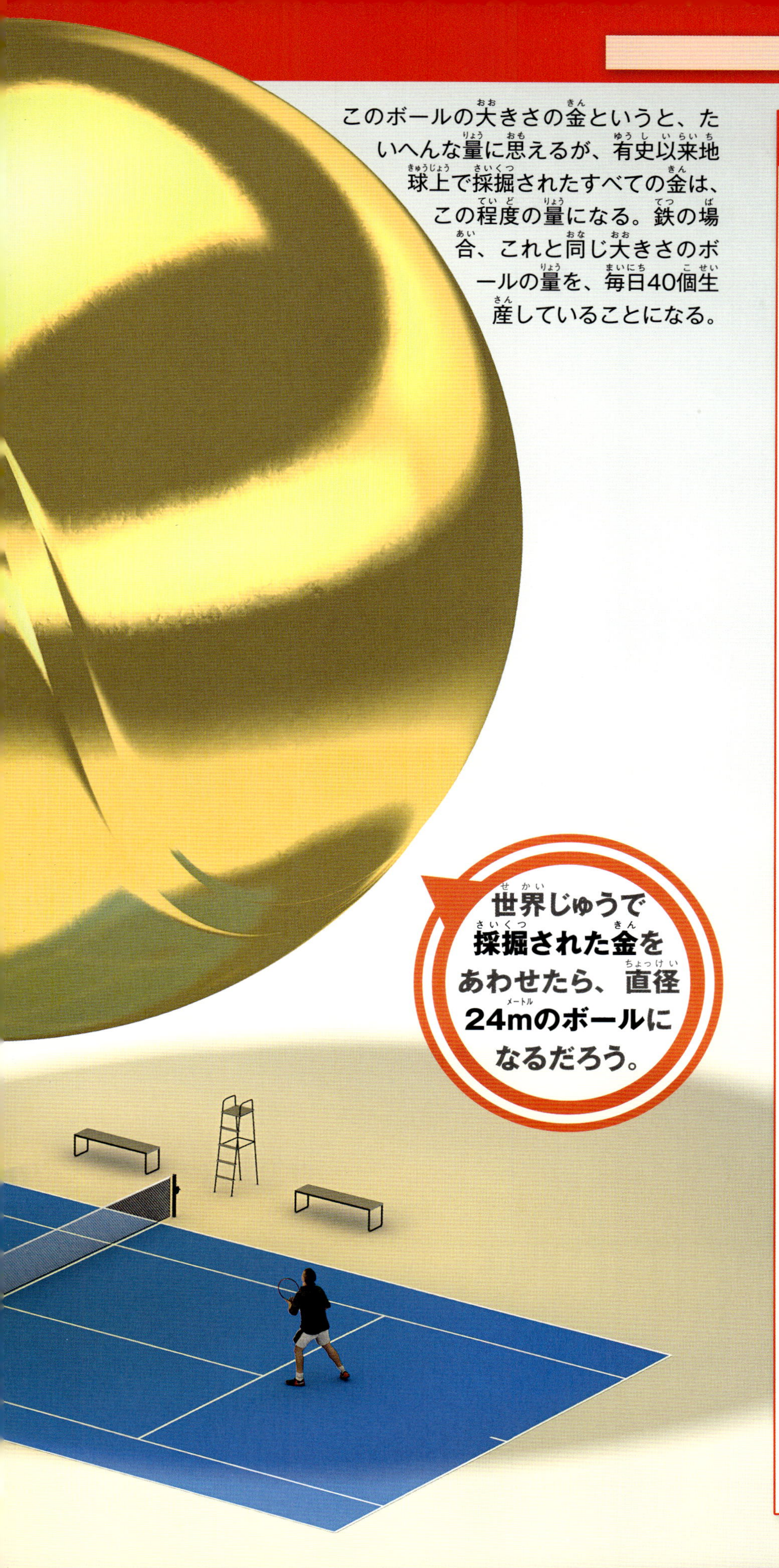

このボールの大きさの金というと、たいへんな量に思えるが、有史以来地球上で採掘されたすべての金は、この程度の量になる。鉄の場合、これと同じ大きさのボールの量を、毎日40個生産していることになる。

はやわかりリファレンス

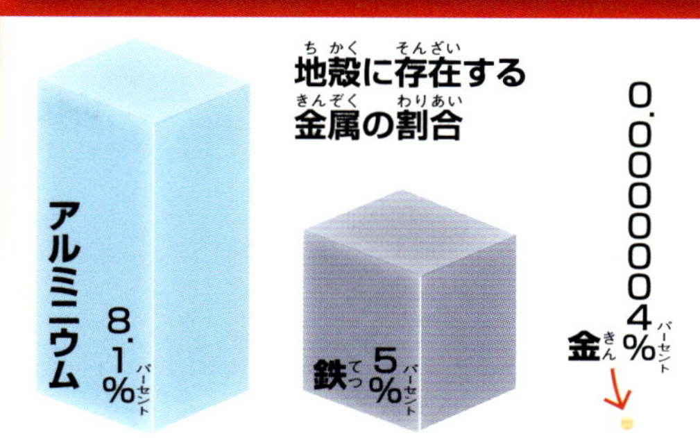

金は地殻内で大きな割合を占める鉄やアルミニウムと比べると、はるかに少ない。金の価値は、希少であるだけでなく、さびたり、かがやきを失ったりすることのない美しさにある。

人類はすでに世界じゅうの金の約80%を採掘してしまった。現在の技術で地下から取りだすことのできる金の量は4万6,000tと推定されている。

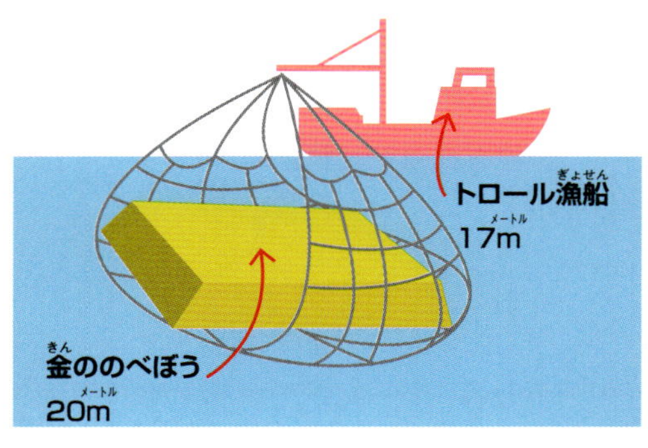

海水には金がとけこんでいる。世界じゅうの海には、最大で1万5,000tの金が存在するかもしれない。この金を取りだせたとすれば、20m×10m×4mの金ののべぼうができるといわれている。

建造物のデータ

人口の多い大都市

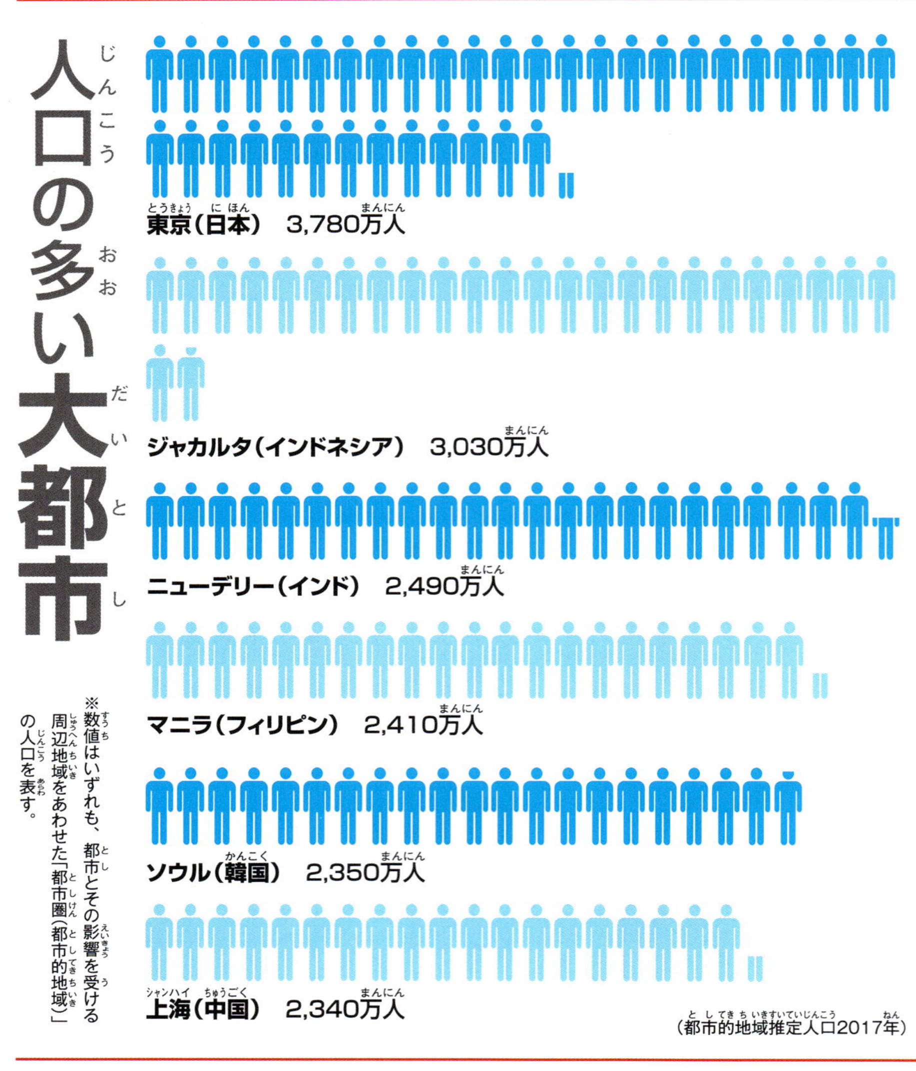

(都市的地域推定人口2017年)

※数値はいずれも、都市とその影響を受ける周辺地域をあわせた「都市圏(都市的地域)」の人口を表す。

最速のエレベーター

中国の超高層ビル上海タワーには、分速

1,080m

(時速65km)近くの速度で上下動するエレベーターがある。

最大の学校

シティ・モンテッソーリ・スクール

インドのラクナウにあるこの学校は、20ものキャンパスに分かれ、全部で1,050もの教室があり、3歳から17歳の生徒51,000人以上をかかえている。

世界最長

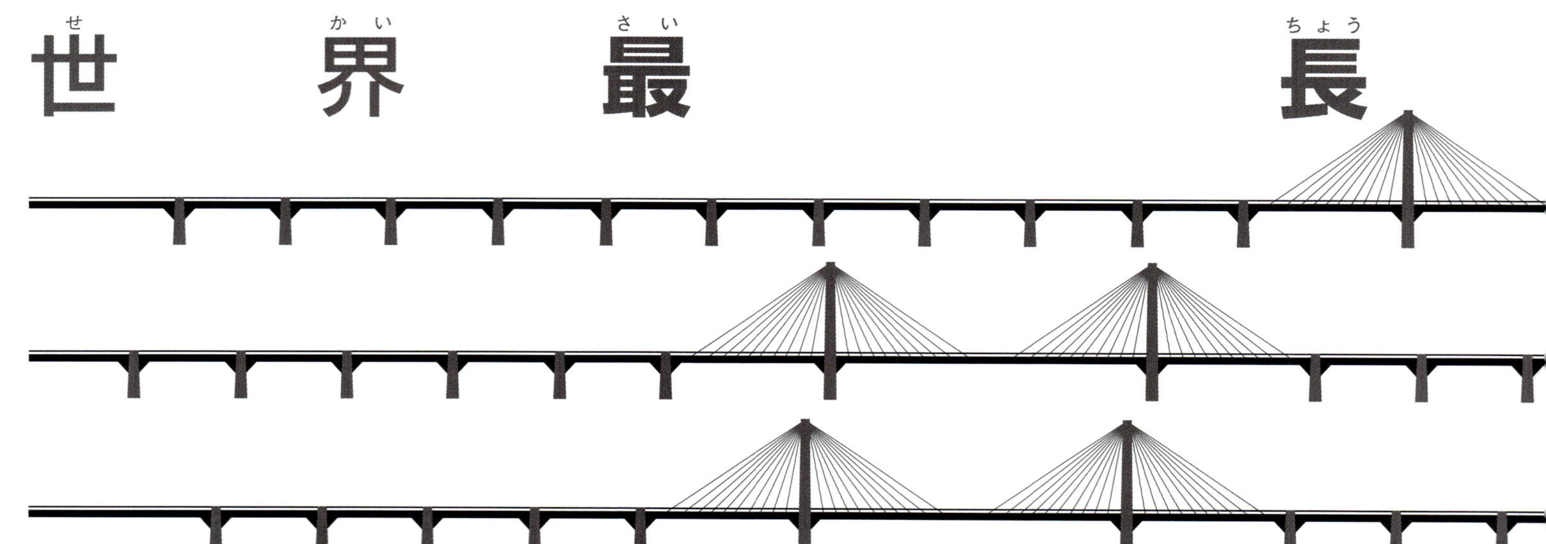

永住人口がある場所としては**世界最北**

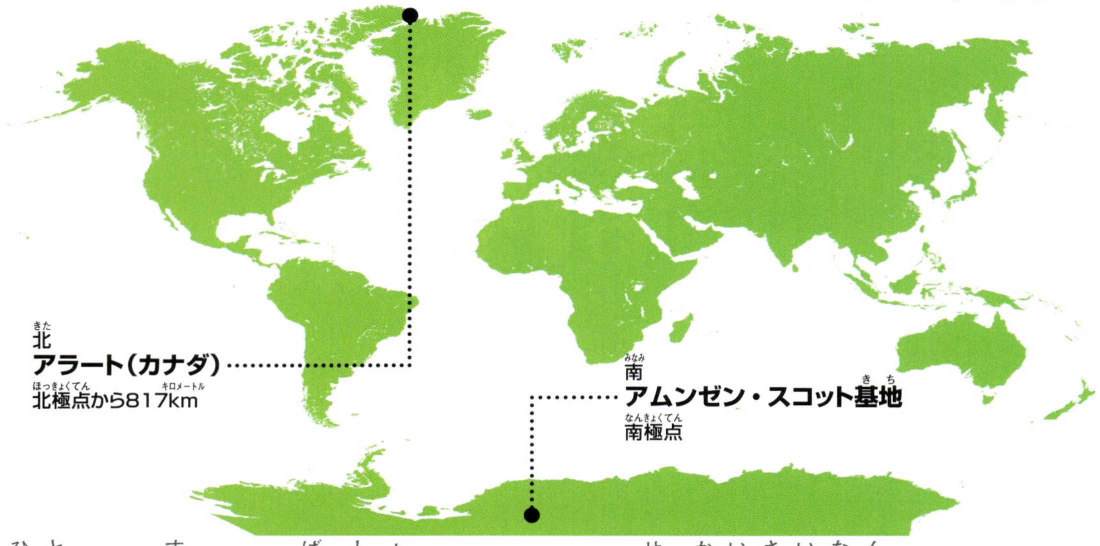

人が住む場所として**世界最南**

最大の店

韓国の新世界デパート。18階分の床面積合計は29万3,904m²。平均的な大きさのサッカー場40個分だ。

最長のトンネル

最長の連続的なトンネル
デラウェア送水路(アメリカ)
137km

最長の海底トンネル
青函トンネル(日本)
54km

最長の道路トンネル
ラルダールトンネル(ノルウェー)
25km

の道路橋

1 **バンナ高速道路(タイ)**
5万4,000m

2 **ポンチャートレイン湖コーズウェイ(アメリカ)**
3万8,442m

3 **マンチャック湿地橋(アメリカ)**
3万6,710m

世界で**最も標高が高い**まち

最も標高が高い市
リンコナダ
(ペルー)
標高**5,100m**

最も標高が高い首都
ラパス
(ボリビア)
標高**3,640m**

海面

最も標高が低い首都
バクー
(アゼルバイジャン)
海面下**28m**

最も標高が低い市
イエリコ
(中東ヨルダン川西岸)
海面下**260m**

さくいん

あ行

か行

さ行

た行

な行

は行

ま行

や行

ら行

わ行

謝辞

Dorling Kindersley would like to thank: Neha Gupta and Samira Sood for proofreading, Helen Peters for indexing, Fran Baines, Carron Brown, Matilda Gollon, Caroline Stamps and Fleur Star for editorial assistance; Rachael Grady, Mary Sandberg, Jemma Westing, and Jeongeun Yule Park for design assistance; and Simon Holland, Katie John, Martyn Page, and Chris Woodford, for fact checking.

The publisher would like to thank the following for their kind permission to reproduce their photographs:

(Key: a-above; b-below/bottom; c-centre; f-far; l-left; r-right; t-top)

2 Corbis: STScI / NASA (tr). **3 Corbis:** National Geographic Society / Richard Nowitz (tl); Michele Westmorland (tc). **Dreamstime.com:** Pictac (bl); Haider Yousuf (tr). **4-5 Corbis:** STScI / NASA. **6-7 Alan Friedman / avertedimagination.com:** (c). **6 Institute for Solar Physics:** SST / Göran Scharmer / Mats Löfdahl (bl). **7 NASA:** GSFC / F. Espenak (cl/Reproduced five times). **8 NASA:** Hinode / XRT (clb). 9 **Dreamstime.com:** Elisanth (cra/Reproduced four times, cr/moons); Stanalin (tr, crb, cr). **10-11 Pascal Henry,www.lesud.com. 10 NASA:** (clb). **12-13 Pascal Henry,www.lesud.com:** (c). **13 NASA:** JPL / Space Science Institute (tc). **14-15 Science Photo Library:** Mark Garlick. **14 Dorling Kindersley:** London Planetarium (fcl). **Dreamstime.com:** Elisanth (cl). **15 NASA:** (bc). **16 Dreamstime.com:** Mmeeds (clb). **18 NASA:** ESA and H. Hammel, MIT (clb). **20 Dreamstime.com:** Jabiru (bl). **25 NASA:** ESA, J. Hester, A. Loll (ASU) (tl). **27 NASA:** CXC / SAO / F.Seward (tc). **29 NASA Goddard Space Flight Center:** Tom Zagwodzki (tr). **31 Corbis:** Visuals Unlimited (cr). **32 NASA:** (bl). **32-33 Science Photo Library:** Chris Butler (c). **33 ESA / Hubble:** S. Beckwith (STScI) and the HUDF Team (br). **Getty Images:** Azem Ramadani (tl). **Science Photo Library:** Mark Garlick (cr). **36-37 Corbis:** National Geographic Society / Richard Nowitz. **40 Science Photo Library:** Geoeye (bc). **43 NASA:** Visible Earth / Jeff Schmaltz (cr). **45 Dreamstime.com:** Asdf_1 (tc). **46 Dreamstime.com:** Ericsch (bl). **48 Dreamstime.com:** Maxwell De Araûjo Rodrigues (cla/Reproduced seven times). **49 Getty Images:** National Geographic (cr). **50 Corbis:** Galen Rowell (bl). **52 NASA:** JPL / University of Arizona (clb). **54 Corbis:** Arctic-Images (clb). **56 Corbis:** Charles & Josette Lenars (bc). **57 Getty Images:** Mike Copeland (crb). **58-59 Getty Images:** National Geographic. **60 Corbis:** Paul Souders (clb). **62 Corbis:** Science Faction / Norbert Wu (clb). **65 Corbis:** Nippon News / Aflo / Newspaper / Mainichi (clb). **66 Getty Images:** Paul Souders (bl). **68 NSIDC:** USGS, W.O. Field (1941) and B.F. Molnia (2004) (clb). **69 Dreamstime.com:** Maxwell De Araûjo Rodrigues (cr/Reproduced five times). **72 Getty Images:** Katsumasa Iwasawa (clb). **72-73 Dreamstime.com:** Stockshoppe (c). **73 Dreamstime.com:** Laraslk (crb). **74 Corbis:** Visuals Unlimited (clb). **75 Dreamstime.com:** Pictac (bc). **78 Getty Images:** (bl). **78-79 Getty Images:** Hulton Archive. **81 Corbis:** epa / Michael Reynolds (bl). **82 Corbis:** Ocean (clb). **82-83 Corbis:** Ikon Images / Jurgen Ziewe (c). **84-85 Corbis:** Michele Westmorland. **86 Corbis:** TempSport / Jerome Prevost (cl). Dreamstime.com: Alexandr Mitiuc (clb, bc, br). **86-87 Dorling Kindersley:** Zygote Media Group (c). **87 Dreamstime.com:** Alexandr Mitiuc (bl, bc, crb). **88 Getty Images:** Vince Michaels (br). **Science Photo Library:** GJLP / CNRI (clb). **89 Corbis:** 3d4Medical.com (bl). **90-91 Alamy Images:** D. Hurst. **91 Alamy Images:** AlamyCelebrity (tc). **92 Corbis:** Science Photo Library / Steve Gschmeissner (cl). **96 Corbis:** Visuals Unlimited (clb). **97 Corbis:** Minden Pictures / Flip Nicklin (bc). **Dorling Kindersley:** Natural History Museum, London (bl). **100 Dreamstime.com:** Lindsay Douglas (cl). **100-101 National Geographic Stock:** Michael Nichols (b). **103 naturepl.com:** Doc White (tc). **104 Dorling Kindersley:** Bedrock Studios (tc). Dreamstime.com: Ibrahimyogurtcu (bc). **104-105 Dorling Kindersley:** Andrew Kerr (c). **106-107 Dorling Kindersley:** Andrew Kerr (c). **107 Dorling Kindersley:** Jon Hughes and Russell Gooday (cr). **108 Science Photo Library:** Peter Chadwick (clb). **110-111 Science Photo Library:** Christian Darkin. **112 Paul Nylander,http://bugman123.com. 113 Alamy Images:** Michal Cerny (tc). **114 Alamy Images:** Louise Murray (clb). **116-117 Dreamstime.com:** Bruce Crandall (c). **118 Alamy Images:** Kevin Elsby (t). **119 Alamy Images:** Rolf Nussbaumer Photography (bl). **Dreamstime.com:** Pictac (t). **121 Dorling Kindersley:** Natural History Museum, London (tr). **Otorohanga Zoological Society (1980):** (bl). **124 Dr. Avishai Teicher:** (clb). **126 Alaska Fisheries Science Center, NOAA Fisheries Service:** (crb). **Pearson Asset Library:** Lord and Leverett / Pearson Education Ltd (cb). **Dreamstime.com:** John Anderson (cl); Ispace (fbl, bl, bc, br, fbr). **127 Dreamstime.com:** Ispace (bl, bc, br). **Photoshot:** NHPA / Paul Kay (cra). **130 Getty Images:** Jose Luis Pelaez Inc (c); Visuals Unlimited, Inc. / Joe McDonald (clb). **131 Corbis:** Minden Pictures / Suzi Eszterhas (b). **132 Corbis:** imagebroker / Konrad Wothe (cb). **Dreamstime.com:** Juri Bizgajmer (b/Reproduced four times). **Getty Images:** Joe McDonald (cl). **133 Corbis:** Wally McNamee (fclb); Robert Harding World Imagery / Thorsten Milse (clb). **Dreamstime.com:** Juri Bizgajmer (b/Reproduced three times). **Getty Images:** Daniel J. Cox (crb). **134 Science Photo Library:** Jim Zipp (bc). **134-135 Alamy Images:** Matthew Clarke. **136-137 Alamy Images:** Transtock Inc. (c). **137 Corbis:** Paul Souders (tr). **Dreamstime.com:** F9photos (tl). Getty Images: Ronald C. Modra (bl). **138 Alamy Images:** Bluegreen Pictures / David Shale (clb). **Corbis:** Wim van Egmond (crb). **Dreamstime.com:** Ferdericb (ca). **naturepl.com:** David Shale (cr). **139 Dorling Kindersley:** Dolphin Research Center, Grassy Key, Florida, www.dolphins.org (ca); Natural History Museum, London (cl, cb). **Getty Images:** AFP (cla). **140 Alamy Images:** Duncan Usher (cl). Dreamstime.com: Isselee (br). **141 Dreamstime.com:** Georgii Dolgykh (clb); Jezper (tl); Goce Risteski (cl). **144-145 Dreamstime.com:** Haider Yousuf. **146 Corbis:** epa / ULI DECK (crb); Transtock (clb). Dreamstime.com: Raja Rc (c). **Getty Images:** Bill Pugliano (cla). **146-147 Corbis:** Chris Crisman. **147 Corbis:** Icon SMI / J. Neil Prather (c). **148-149 Alstom Transport:** P.Sautelet (c). Corbis: Imaginechina (cr). **148 Alamy Images:** Sagaphoto.com / Gautier Stephane (c). Getty Images: SSPL (cl). **150 Corbis:** George Hall (t). **150-151 Getty Images:** Marvin E. Newman (c). **151 Alamy Images:** LM (crb). **NASA:** (b). **152 Alamy Images:** DIZ Muenchen GmbH, Sueddeutsche Zeitung Photo (c). **Dreamstime.com:** Brutusman (clb). **153 Dreamstime.com:** Rui Matos (cl). **154-155 Getty Images:** AFP / MARCEL MOCHET. **154 Getty Images:** Bryn Lennon (b). **157 Dreamstime.com:** Richard Koele (b). **Royal Caribbean Cruises Ltd.:** (tr). **158 123RF.com:** 3ddock (clb). **Dreamstime.com:** Chernetskiy (b/Reproduced two times). **158-159 A.P. Moller/Maersk:** (c). **159 Dockwise:** (tr). **160 Alamy Images:** Dennis Hallinan (c). **161 Corbis:** Morton Beebe (c/Boeing). **NASA:** (br). **163 NASA:** (cb). **164 Science Photo Library:** Ria Novosti (clb). **168-169 Corbis:** Science Faction / Louie Psihoyos (finger). **169 Alamy Images:** David J. Green (crb). **170 Dreamstime.com:** Marekp (cb). **Sebastian Loth, CFEL Hamburg, Germany:** (bl). **175 Getty Images:** Barcroft Media / Imre Solt (br). **177 Corbis:** Ed Kashi (tr). **178-179 Getty Images:** Charles Bowman (c). **179 Getty Images:** Edward L. Zhao (tr). **184 Alamy Images:** Giffard Stock (clb)

For further information see:
www.dkimages.com